日産ブルーバード510SSS（1968年）

# ダットサン510と240Z
## ブルーバードとフェアレディZの開発と海外ラリー挑戦の軌跡
### 桂木洋二

日産フェアレディ240Z（1971年）

グランプリ出版

# はじめに

　20世紀の産物である自動車は，技術の進化と人々の要求を汲み上げて，常に変貌をとげている。

　自動車メーカーは，新しいクルマの開発にあたっては，きたるべき時代の変化を読み，人々の求めるものを具現化してきている。10年をこえる使用に耐える商品となるので，将来を予想するという，きわめて困難な問題にチャレンジしていかなくてはならない。その開発には莫大な資金がかかり，量産効果の著しい商品であるから，成功と失敗の差は大きく，リスクのともなうものである。

　日本のメーカーは欧米に比較してその数が多く，競争は熾烈をきわめる。それが日本製自動車の強さの源であると同時に，バブルの時代にはクルマの本質をはずれて，そのときの売れ線を追う浅はかさを露呈するものもあった。競争相手のクルマより少しでも魅力のあるクルマにするにはどうしたらよいか，その答えを求めて自動車メーカーはつねに悪戦苦闘しているといっても過言ではない。クルマの開発とその販売促進のために，いかに行動したかはそのまま，自動車会社の重要な歴史の一部である。

　20世紀の新しい産業である自動車工業の推移をたどることで，日本の社会および経済の推移の一端をみることができる。太平洋戦争の時代には，軍に協力して戦闘に役立つ自動車やエンジンを生産し，その多くを政府の予算からまかない，民間企業という姿からはほど遠いものとなっていた。敗戦によってすべてはご破算となり，ゼロから出発し，見よう見まねから独自の方法を見付けだし，欧米の技術を吸収し，追い付き追い越そうと努力を積み重ねた。その過程は，ここに取り上げるダットサンの進化を具体的にたどることで見ることができる。国内の需要に応えるだけでなく，輸出を促進することやモータースポーツへの参加によって，より多くの刺激を受け，技術進化が促された。そうした成果がみごとに実った例が，ベストセラーカーとなったブルーバード510や輸出で大成功を収めたダットサン240Zである。

　こうしたクルマたちが，世界に大きくはばたく日本車の原動力となり，やがて世界一の自動車生産国になるもとをつくったのである。さらにいえば，ニッサンではその後，こうしたインパクトのある個性的で多くの人に受け入れられた名車をあまりつくっていないように思われる。実は，この2台のクルマの開発とラリーでの活躍を記すことが，わたしなりのニッサンへの応援歌のつもりでもあるのだ。

桂木洋二

ダットサン510と240Z

# 目　次

第１章　ブルーバード510の発表 ────── 7

第２章　ダットサン乗用車の誕生とその後の経過 ────── 15

第３章　㊥計画とブルーバード510 ────── 48

第４章　海外ラリーへの挑戦 ────── 77

第５章　510によるサファリ初制覇 ────── 125

第６章　ダットサン240Ｚの開発とその特徴 ────── 157

第７章　240Ｚの国際ラリーでの活躍 ────── 197

第８章　始まりの終わり ────── 240

写真：日産自動車，NATION（ケニア）他

# 第1章　ブルーバード510の発表

　ニッサンのクルマの名前は，なぜか女性的な感じがするものが多い。ブルーバードはメーテルリンクの『青い鳥』からとられており，セドリックはバーネット夫人作の『小公子』の主人公である少年の名前である。アメリカのミュージカルの題名からとったといわれるフェアレディもそうであり，少女趣味の女性が命名したのではないかと疑いたくなるほどだ。もともとクルマは女性名詞であるらしいが，日本人にはあまりそういうイメージはない。とくにクルマが日本で普及しはじめた60年代では行動半径をひろげる道具として，またステータスともなるもので，武士の馬にもあたる頼もしさや逞しさが求められているように思われる。そういう意味からいえば，あまり適切な名前の付け方ではなかった感じである。

　スポーツとしてのドライビングを楽しむ連中の間では，ブルーバードとかフェアレディという言い方より，形式名でいうほうが通りがよかった。たとえば，ゴウイチマルであり，ニイヨンマルであった。こう呼ぶほうが，同じブルーバードでも特定のモデルをさしていることがはっきりして，いかにもマニアっぽいという理由もあった。

　ここで取り上げる510と240Zは，60年代後半から70年代前半にかけてニッサンのイメージを大いに上げ，モータースポーツの分野でも目覚ましい活躍をした名車である。ある意味では，ニッサンのもっとも華やかで，そのよさをアピールしていた時期であった。そのクルマのもつイメージが，ラリーなどの活躍によって強調され，強烈な印象を残している。

ラリーやレースで活躍しても、ベースになっているクルマが魅力的でなければ、イメージを上げることにそれほどの効果はない。もともとのクルマのよさがあってこそ、輝きはいやますことになる。510や240Ｚはみごとにそれが一致した典型である。ちょうどスカイラインＧＴＲが名車の名をほしいままにしたのと同じである。スカイラインＧＴＲが富士スピードウエイのコーナーを立ち上がっていく姿がよく似合ったように、510はサファリラリーを走る姿がとてもよく合うのだ。アフリカの大地で力強く見えるのは意外な感じがしたものだが、あくまでも青く澄んだ空と広大な草原の中にあって、存在感を主張している姿を見て、こんなにかっこいいクルマだったのかと改めて思ったのである。それは240Ｚも同じであった。
　ブルーバードとしては３代目となる510がデビューしたのは、すでに四半世紀以上前で、ちょうど庶民がクルマをもつのが夢でなくなった頃だ。高度成長が始まって日本もようやく将来に希望がもてるようになり、あこがれていた欧米の生活に一歩も二歩も近づきつつあった。
　クルマが普及するためには、所得水準が上がることがもっとも重要であるが、多くの部品によって構成される自動車は、量産によるメリットがきわめて大きい。大量生産することによって大幅なコストダウンが図られ価格を引き下げることが可能になる。
　1950年代の国産車の価格は排気量１ccにつき1000円といわれていた。つまり1200ccならそのクルマの価格は120万円というのが一般的だった。庶民の１ヵ月のサラリーがやっと１万円か２万円という時代だから、クルマを購入できるのはごく一部の富裕階級にかぎられていたのは当然で、その多くはハイヤーやタクシーといった営業用として使われた。
　時代が進むにつれて、車の需要はふえ続け、所得と反比例して、その価格は引き下げられ、60年代の中盤になって、ようやくクルマが高嶺の花でなくなってきたのであった。普及するもうひとつの条件は、誰もがたいした知識や技術がなくても運転が楽しめメンテナンスフリーになることが必要であろう。
　510が発売されたのは、日本の高度成長をささえる基幹産業としての地位を自動車業界が確保しようとしていた頃である。クルマの性能向上をめざし、新しい車種を誕生させるべく、自動車メーカーは懸命であった。しかも、メーカーの数は多く競争はきわめて激しかった。
　ブルーバード510は、エンジンがＯＨＣとなり、四輪独立懸架装置をそなえ、三角窓をなくしたセダンのスタイルなど、以後の乗用車につながるイメージをもつクルマとして誕生した。わが国の技術がようやく欧米の水準に達し、国内の競争が激化し、国際商品としての自覚をもって開発にあたり、企業が大きく成長しようとしている時期であった。アメリカでは、クルマの排気ガスの問題が取り上げられ、安全についても厳

第1章 ブルーバード510の発表

ブルーバード510のカタログには"ハイスピード時代の到来を告げるスーパーソニックライン!!"という文字が躍っていた。

しい規制が敷かれつつあり、今日まで引き継がれるクルマに対する基本的な課題に取り組まなければならない時代になっていた。

　初代のブルーバードはベストセラーカーとなり、小型乗用車の代名詞的な存在になっていた。幸福を呼ぶ"青い鳥"であるブルーバードという名は、庶民の夢をかなえさせるという意味では、この時代にふさわしい名称であったといえるかもしれない。

　この対抗馬として登場したトヨタのコロナは、好調なブルーバードに太刀打ちできず、ニッサンの優位は動かしがたいと思われたものだった。ところが、2代目のブルーバードである410が思わぬ不評で、ブルーバードは苦戦し、そのモデルチェンジを早める必要に迫られ、劣勢を挽回しなければならなかった。

　本当はもっとあとに登場するはずだった510は、モデルチェンジされてから3年11ヵ月で登場することになった。どんなものになるか注目を集める中でベールをぬいだクルマは、期待を裏切らない内容をもった革新的なものであった。三角窓をなくしたスマートで逞しさを感じさせるスタイル、四輪独立懸架方式のサスペンション、新開発

のOHCエンジン，広い居住空間など，当時としては新しい技術を採用し，装いを新たにしたバランスのとれたものになっていた。

その発表会は，多くのジャーナリストを集めて，1967年8月に盛大に行われた。まず川又克二社長の挨拶に始まり，ニッサンが自信をもって投入したクルマであることが強調された。続いて車両の説明をしたのは，原禎一設計部長だった。車両開発の責任者として陣頭指揮にあたり，まとめあげるのに心血を注いだ人物である。どうしてこのような機構のクルマにしたか，その内容について技術者らしい言葉で説明し，最後に原はこう言って締め括った。「技術者として，やりたいことは全部このクルマに注ぎ込みました」と。

それだけの内容をもったクルマであったから，説得力のある言葉であった。これをかたわらで聞いていた実験課長の難波靖治は，胸を張って段上から降りる原を見ながら，技術者なら一度はこうした表現を人前でしたいものだと思った。実に颯爽とした姿だった。

この発表会に出席していた難波は，ニッサンのラリーチームの監督としてサファリラリーにチャレンジしており，これまでの開発テストでこの510に乗ってそのポテンシャルの高さを知り，大いに期待していた。ようやくニッサンもサファリラリーで総合優勝を狙うことができるクルマをつくることができたというのが実感であった。

いまでは四輪独立懸架はごく当たり前のサスペンション形式であるが，当時は日本では先進的なメカニズムであった。だからといって，単に目新しいもので商品性を高めるために採用するというやり方に，原たちニッサンの技術陣は懐疑的であった。機構的には新しくないリジッドアクスルであっても，熟成の足りない独立懸架のものよりすぐれているのは当然のことだ。

進んだ機構を採用するためには，それがもっているマイナス面をなくし，そのよさをうまく引き出す努力をしなくてはならない。そのためには開発にある程度の時間をかける必要がある。モデルチェンジに際して，あえて四輪独立懸架を採用したのはそれだけの自信があったからだ。室内空間ばかりでなく，トランクスペースも車両寸法でみるとかなり広くとられており，パッケージとして非常にすぐれたものに仕上げられているのは，車両企画の段階からそのコンセプトを実現するために綿密な設計をし，破綻をきたさないように努力を積み重ねていかなければ不可能なことであった。

しかし，それにしては開発期間が短いように思われた。というのは，2代目のブルーバードの発表から4年足らずしかなく，その間にここまでの新技術を盛り込んだクルマを仕上げることは至難のわざであるようにみえたからだ。欲張りすぎると，技術を十分に生かせず，それが災いとなりかねない例はよくあることだ。

営業関係からは，エンジン排気量は1500ccにしてほしいという要望が出されたが，

第1章 ブルーバード510の発表

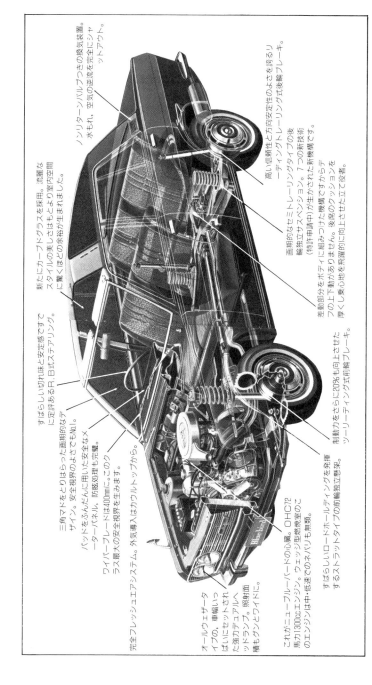

これが"ニューブルーバードのハイメカニズム!!"ということで510のカタログでは見開き1300cc車の透視図が掲載されていた。

クルマとしての性能を考えれば，1300ccでいいというのが設計部長の原の強い意向であった。単にエンジン排気量とかの数字にこだわらず，全体としてバランスのとれたものにすることが最優先されたのである。
　OHCエンジンを採用することによって，1300cc車のほうが出力と経済性でバランスがとれていると原は考えていた。そのかわり，スポーツ走行を意図するユーザーのためには，1600ccのSSSが用意されていた。これは前モデルで途中からバリエーションとして追加されていたものを引き継ぐかたちで最初から用意されており，サファリラリーなどでは当然これが走ることになる。
　ニッサンの主力車種であるということばかりでなく，クルマそのものの魅力で，このブルーバード510は最初から大いに注目された。ニッサンの巻き返しはこのクルマが成功するかどうかにかかっていたといっても過言ではなく，ニッサン関係者からは期待され，トヨタ陣営からは大いに警戒されることになった。
　67年といえば，東京オリンピックから3年後の高度成長期で，東名高速道路もでき，モータリゼーションの成長期でもあった。マイカー元年といわれたサニーやカローラが発売されたのがその前年で，トヨタとニッサンは熾烈な首位争いを繰り広げていた。それまでの大衆車としては，スバル360やパブリカといった40万円を切る廉価車が存在したが，それにかわる本格的な小型乗用車としての車格をもつ大衆的なクルマとして，まずニッサンからサニー1000が発売された。軽快に走る実によくできたクルマであった。価格も46万円（デラックス）と，若者でも手が届くものになっていた。
　その半年後にトヨタからそのライバル車として登場したカローラは，排気量が1100ccで，プラス100ccの余裕という宣伝文句で，サニーよりすぐれたものであることをアピールする作戦に出た。スタイル的にもサニーは〝骨皮筋右衛門〟と悪口をいわれたように，むだのない一見華奢にみえるボクシーなスタイルで，装飾的な配慮よりもクルマとしての機能を優先したイメージだった。一方のカローラは，乗用車としてできるだけ立派に見えるような印象を大切にし，丸みのあるスタイルで，サニーより大きく見えるクルマになっていた。走りを大切にするユーザーはサニーの方を好む傾向にあったが，全体の売れ行きではカローラに軍配が上がっていた。プラス100ccの余裕というキャッチフレーズはみごとに成功した。
　ニッサンにとって，これ以上につらかったのは，ブルーバードがコロナに負けたことだった。主力車種で首位の座を奪われるのは由々しき問題であった。
　クラウン誕生の2年後にデビューしたコロナは，はじめのうちはクラウンのように順調にはいかなかった。初代は古めかしいトヨペットマスターのフレームを流用した間に合わせのクルマだった。ダットサンに対抗して小型タクシー市場に食い込むことを狙ったものだったが，スタイルも性能もダットサンには見劣りがした。もちろん，

第1章 ブルーバード510の発表

2代目となるブルーバード410。1963年10月にデビューしている。

3代目コロナRT40。1500ccエンジンで70ps、全長4065mm、全幅1550mm、全高1420mm、ホイールベース2420mm、1964年9月にデビュー。

　トヨタではすぐに性能のよいものを作るべくモデルチェンジのための開発を始めた。2代目のコロナRT20は、スタイルも機構も数段進んだものになっていたが、熟成不足で発売当初にクレームが多く、タフなクルマではないという印象を与えてしまった。手直しして丈夫なクルマであるというキャンペーンを行い、販売組織の強さもあって、好調なブルーバードには及ばないものの一定の成果を上げた。

　そして、ブルーバード410の出た翌64年にデビューした3代目のコロナRT40は、排気量を1500ccに上げて、いわゆるアローラインという低く広く長くしたボディになり、たいへん好評であった。逆にブルーバード410のほうは、スタイルもあまり評判はよくなく、寸法的にも新しいコロナに比較すると小さく貧弱に見えた。堂々とした格好に見えることは、クルマをもつことがステータスとなっている状況では、販売に大きく結びつく重要な要素のひとつだった。

　そうしたトヨタの商品企画のうまさをみごとに具現化させたコロナは、ベストセラーカーの名をわがものにしていたブルーバードを追い越す売れ行きを示し、発売から半年ほどしてからはブルーバードにかわり、トップの座をキープした。コロナとブルーバードとが激しい販売競争を繰り広げたことは、モータリゼーションの発展する当時の状況を反映して、大いにマスコミを賑わした。

　世の中の評価がはっきりと出てしまった状況では、ブルーバードの巻き返しは、モデルチェンジする以外になかった。クラウンのライバル車であるセドリックも、販売台数で負けており、ニッサンは追い詰められていた。

　近年は、4年のモデルチェンジのサイクルが定着しているから、新しいモデルが出るとすぐに次のモデルの企画がスタートするようになっている。しかし、当時は売れ行きがよければそれにこだわることなく、様子を見てから次のモデルの企画をスタートさせるのが普通だった。ニッサンでもこの410を出したときは、4年でモデルチェンジすることを最初から決めていたわけではなかった。

もちろん，次期モデルをどうするかの検討はすぐに始められていた。その計画では，次のモデルは2代目を踏襲したものになる予定だった。その基本メカニズムを受け継ぎ，それをモディファイしたものになるはずだった。エンジンはこれに合わせて新しいメカニズムであるOHCが採用されることになるから，十分に魅力的なモデルになる予定だった。当時はエンジンとパワーに関する関心は非常に強く，エンジンを新開発することは大いにアピールできることであった。

　ところが，コロナに首位の座を奪われて，この計画が見直されることになった。410が登場してから2年ほどたった頃で，510が世に出る2年前のことで，これから逆算すると開発には十分な時間があるとはいえない状況で，新しいメカニズムを採用して，それを熟成させる余裕はないはずであった。にもかかわらず，これまでみたように510は新しい機構をふんだんに盛り込み，スタイルも十分に斬新で，全体のバランスがとれたクルマになっていたのはどうしてだろうか。

　それを追求するのがこの本の重要なテーマのひとつであるが，それを見る前に次章でブルーバード510にいたるダットサンの戦後の乗用車の変遷を振り返って見ることにしよう。

1966年7月のB10型サニー(左)と同年10月のKE10型カローラ(右)の新聞広告。

# 第2章　ダットサン乗用車の誕生とその後の経過

　現在は使われなくなったが，70年代まではニッサンというよりダットサンといったほうが通りがよかったくらいである。日本ではダットサンブルーバードといわれており，アメリカではダットサン410とかダットサン510と呼ばれていた。
　よく知られているように，ニッサンの源流である橋本増次郎が創立した"快進社"のダット号は，その資金を出し援助した3人の恩人の頭文字をとったもので，その後継会社である"ダット自動車"で試作された乗用車に，その息子であるという意味でDATSONと付けたのが始まりで，SONは日本語の損につながるとしてSUNに改められたものである。日産自動車は，そもそもこのダットサンの量産のために設立された会社であった。

### ■戦後最初のダットサン乗用車の誕生
　戦後もこのダットサンが1955年ごろまで細々とつくられていた。もちろん，改良が加えられていたが，所詮は時代遅れのもので，耐久性でも問題のあるものといわざるをえなかった。ボディは住江製作所や中日本自動車などに委託してつくられていた。戦後しばらくは日本の自動車生産はトラックが主体で，乗用車は1947年になって，ようやく200台という枠が認められて生産が許可されたが，戦後5年すぎたころから制限が緩和されて乗用車の生産が許されるようになり，日本のメーカーもようやく乗用車に目を向けるようになった。

ダットサン110型セダン。"近代的なフルフェンダー型式のボディを採用した""全部品が完全プレス化されているため、ボディ表面のハイライトに乱れがなく仕上がりも常に美麗です"とカタログに紹介されている。

　しかし、乗用車の開発はリスクが大きく、その生産は会社にとっては道楽仕事とみる経営者が多く、トラックでなければ利益が上がらないものという認識が支配的であった。しかし、将来のことを考えて、乗用車を早くつくるべきだという根強い主張があり、トヨタとニッサンがまずその準備に入ったのである。

　旧型のダットサンの生産拠点だった静岡の吉原工場で設計の仕事をしていた原禎一は、この新しいクルマの企画のスタートにあたって、横浜の本社工場に移り、本格的な準備に入った。原は1939年の入社で、一時は軍隊に行き、戦車の製造にたずさわっていたが、終戦の直前に戻り、吉原工場で航空機の発動機を設計していたが、戦後はずっと旧型のダットサンをベースにした乗用車の車体の設計をしていた。

　横浜の本社工場はトラックの生産が主体だったが、早くから新型乗用車の開発計画が進められていた。しかし、その進行は順調とはいえなかった。イギリスのオースチン社との技術提携の進行によるオースチンA40サマーセットの生産準備、さらには自動車メーカーの中ではもっとも激しい労働争議で、数ヵ月にわたるストライキと工場閉鎖などによる混乱があったりしたためだ。それに、リスクをともなう新しいクルマを開発する余裕がないのではという反対の声も根強くあったようだ。

　本格的な乗用車を設計するにあたって、原は、実際につくられ始めたオースチンをつぶさに見るだけでなく、世界の自動車の機構などの情報に接して、きたるべき時代のクルマとしては、技術的に進んだものにする必要があると強く感じていた。

第 2 章 ダットサン乗用車の誕生とその後の経過

ダットサン110型セダンのリアビュー。

　新技術の採用には越えなくてはならない壁があり，設備の新設も必要となり，そのために莫大な投資を覚悟することになる。しかし，それをやらないことには，世界の自動車メーカーとの距離を縮めることはできなかった。
　とくに原が強く感じていたのは，サイドバルブのエンジンでは性能的に限界があること，変速機はシンクロメッシュにすべきこと，乗用車であればサスペンションは独立懸架にすべきことであった。もちろん，これらを一挙に採用するのはむずかしく，目標に向かって着実に近づいていくしかなかった。少しでも早く追い付き，追い越していこうという意識は，ニッサンだけでなく，この時代の自動車の技術者には共通したもので，将来的には世界に輸出できるものにしたいという夢や情熱をもって開発に取り組んでいた。
　こうして，戦前型のダットサンにかわる乗用車として誕生したのが，ダットサン110である。戦後10年たった55年のことだ。そのフレームはトラックと共用したもので，乗用車専用のシャシーをつくることは及びもつかなかった。トラック用のシャシーは，荷物を積むことを前提にしてがっちりしたフレームをもち，それにエンジンやサスペンションが取り付けられる。この上にのるボディがトラックになるか，乗用車になるかの違いであった。そのため，ボディは背が高くならざるをえなかった。エンジンもサイドバルブという古めかしいもので，排気量は860ccで24ps，もちろん前後ともリーフスプリングのリジッドアクスルだった。しかし，ボディは新設計のものとなり，デ

17

佐藤章蔵の描いたダットサンのスケッチ。これはその後マイナーチェンジされた112型のもの。

110型は4人乗りでドアの開閉はオーソドックスなタイプで、前後ともベンチシートになっている。

ザインもそれまでのものに比較してスマートで、ブレーキやステアリングなどは新しくなり、サスペンションに関しても進んだ機構を採用し、従来のダットサンとはまったく比較にならない斬新なものになった。

　形式名の110というのは、最初の"1"がニッサンにとってもっとも重要なクルマであるとして、あるいはもっとも早くから計画されたクルマとしての意味をもち、次の"10"は乗用車を意味した。ちなみに120というのは、ダットサン乗用車と共通のフレームを

第2章 ダットサン乗用車の誕生とその後の経過

トラックと共通の110型シャシー。フレームははしご型で，ボディブラケットをはじめ，ステアリングやショックアブソーバー，リーフスプリングのブラケット類は板金製でフレームに溶接されている。

110型のフロント足まわり。平行半楕円型のリーフスプリングと筒型ショックアブソーバーの組み合わせとなっている。

110型のリア足まわり。リジッドアクスルで，デフにはギヤのセンターがオフセットしている独特なハイポイド・ベベルギヤが使用されている。

使って生産されるトラックの形式名である。末尾の0は，モデルチェンジされて最初にできたもので，マイナーチェンジされていくごとに，111となり，112となっていく。この流れを受け継ぐ乗用車は，モデルチェンジされるごとに，最初の数字がふえてくことになる。つまり，510といえばこのクルマから5代目のモデルであることがわかる。

この110型をデザインしたのが佐藤章蔵であった。当時のニッサンのデザインは，車

110型のエンジンは旧型ダットサンに積まれていたSV型860cc 4気筒の25psであった。

体設計課のなかにある造形係が行っていた。そのなかで"大先生"と畏敬されていた佐藤は、部下とは先生と生徒ほどにクルマに対する造詣の深さでは圧倒的に隔絶した存在であり、310型まではほとんど単独でスタイルを決めていたようだ。いまと比較すると、クルマの開発にあたってデザインの重要性に対する会社の首脳陣の意識は高いとはいえず、また造形係のメンバーは少なく、クルマに対する知識や経験も浅く、組織的にやっているとはいえなかった。複数のデザイナーがいろいろなイメージスケッチを描いて、その中からいいものを選び出すというやり方ではなく、当時のニッサンでは佐藤が描いたものを、造形係のメンバーが4分の1のクレイモデルをつくり、それからフルサイズの原図を書き、板金で試作車をつくっていた。

この佐藤の描いたスケッチからクレイモデルをつくったのが、のちにニッサンデザインの中心人物となる四本和巳であった。入社は1950年である。初めのうち製図を書いていた四本は、やがてクレイモデルをつくったり、エンブレムのデザインをしたりしていたが、佐藤のもとで新型車のデザインに取り組むことになった。

旅館にこもりきりとなり、やがて憔悴しきった表情をした佐藤がもってきた新型トラックのスケッチを見て、四本はスマートですばらしいと思った。これを乗用車にしたらいいスタイルになるだろうという印象だった。トラックとしては十分に垢抜けていた。これをベースにして乗用車である110型のスケッチが佐藤によって描かれ、それをもとにクレイモデルをつくることになった。斜め前のクルマのスケッチだけをたよりに、粘土で立体にするのは案外むずかしい。

四本がつくったクレイのモデルが気に入らないと、佐藤は口も利いてくれなかったという。佐藤の描いたイメージと違うからだろうが、現実にはヘッドライトは大きく、フェンダーのラインと破綻なくつなげるのに苦労していた。当時はライトはラジエタ

ーグリルのなかには入っておらず,独立した存在として前面で大きな顔をしていたのである。

なんどもやり直しているうちに四本の努力が認められて,クレイモデルのモディファイを佐藤と一緒に進めることで,四本はクルマのデザインに対するやり方を摑んでいった。佐藤は当時のアメリカ車の装飾過剰なデザインを嫌い,ヨーロッパのクルマしか認めようとしなかった。クルマに対する思い入れがあり,自分のやり方を通したので,設計部の中では佐藤に対する風当たりが強いこともあったようだ。しかし,当時はデザインを会社の経営者にみせて承認を得るという手続きを踏むようなシステムになっておらず,佐藤を中心にして,スタイリングは決められていったという。

当時は,クルマのスタイリングが大きく変わりつつあった時期で,古い意識の人た

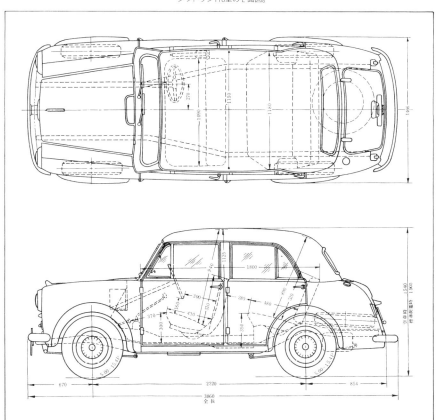

ダットサン110型の2面図。

ステアリングホイールは旧型ではかなり寝ていたが、これでは今日のクルマに近いものになっている。小さいわりに室内は広く、とくにリアはゆったりしていた。

ちは、佐藤の描いたスケッチに乗降用のステップがないことを危惧したりした。ボディのフラッシュサイド化はアメリカから始まり、世界のトレンドになっていた。もちろん、ダットサン110型はヨーロッパ調のスタイルをしていたが、トラックと共用するシャシーのために背が高くならざるをえなかった。しかし、そうした限界のなかでも、佐藤は十分に新しい感覚をもって後世に残るデザインをしている。

今日のデザインと大きく違うのは、リアシートが優先されたことだ。フロントは運転手が座るのだからあまり気を使う必要がないと考えられていた。メーターパネルよりも、リアの灰皿のデザインのほうに神経が使われた。ダットサンのような小型自動車でも、タクシー用が中心で、自分でドライブを楽しむためにクルマを購入する人はごく少数だったからだ。

完成された4分の1のクレイモデルから寸法をとり、線図がつくられ、それからフルサイズの木型が製作される。これは実際のモデルの断面をちょうど恐竜の模型にみられるように、ある間隔で重ね合わせてつくられたもので、これをもとにベテランの職人たちが、板金で試作車をつくり上げる。現在のようにフルサイズのモデルでのデザイン検討は行われず、その職人たちのセンスが実際のスタイルに反映したものとなっていた。

社内における110型のデザインの評価はまちまちであり、積極的な賛成もこれといった反対もなく決められていった。佐藤や四本は、ほぼ彼らのイメージに近いものになったので、ある程度満足できるものであった。

いまの目で見れば、背が高くずんぐりしたものだが、当時はそれなりに垢抜けしたものに見えたのであろう。この改良型であるダットサン112型が、トヨペットクラウン

と争ってこれを破り、第2回毎日産業デザイン賞を受賞して、ニッサンのデザイナーや技術者たちを喜ばせている。工業デザイン部門で、自動車が注目を集めるようになったのは、この頃からのことである。

この110型試作車を世に送り出すために走行テストをやったのが、前述した難波靖治たちであった。当時は実験グループも設計部に所属しており、若い難波はクルマに乗ることが毎日の主要な仕事で、設計課の技術者と一緒になって、新車の開発に携わっていた。

それまでの旧型のダットサンは、走ればどこかトラブルが出るといったしろものだった。戦後3年たった48年に入社した難波は、主として4トントラックのテストをしていた。戦後の逼迫した経済状況のなかで、トラックは貴重な輸送機関としてなくてはならないもので、故障なく走ることが何より求められており、モデルチェンジするよりも、こわれた箇所を直すことに追われていた。デフがこわれたといえば、その対策をしたものをつくり、それで難波たちが走って耐久性を中心としたテストをする。当時は箱根路を往復するのがテストコースになっており、途中で故障するとその日のうちに帰ってくることができずに、クルマの中で夜を送ったりしたことは数えきれないほどであったという。たまにテストで乗る旧型ダットサンはこわれるだけでなく、振動はすごく、乗り心地もひどいもので、正直いってこんな乗用車を100万円近いお金を払って買う人がいることが信じられなかった。

ところが、新しくつくられたダットサン110に乗って、難波は、これがクルマというものだと、その違いに驚いた。月とすっぽん、自転車とオートバイといった感じで、まったく別の乗り物であった。

第一、旧型ではペダル配置も違っていた。いちばん右にブレーキペダルがあり、アクセルペダルは真ん中に配置されていた。戦前のオースチンなどに見られたもので、クルマによってペダル配置はまちまちだったのである。

ブレーキも旧型はロッド式でオイルを利用した現在のものとは違う、言ってみれば馬車と同じ効きのよくない単純なものであった。あまりスピードが出ないからそれでよかったのかもしれない。ブレーキドラムも真円ではなかったから、片当たりして音を出し、片効きなどはごく普通だった。もともとクルマというのは、安定性に欠けるもので、それを補って問題なく走らせるのが運転手たるものの義務であり技量であった。運転免許証というのはまったくの特殊技能で、トラブルが出たら修理するのも運転手の役目で、メーカーは今のように故障することもない、運転しやすいものをつくらないからといってクレームを付けられる時代ではなかった。

ギヤチェンジにしてもシンクロ機構などはなかったから、シフトするのはエンジン回転を合わせなくてはならず、音をさせないでうまくシフトするのは自慢できること

であった。

110ではペダル配置は一般のクルマと同じになり、ブレーキはオイルを使用することによってやんわりと効くようになり、シフトはローギヤを除いてシンクロメッシュとなったから、非常に運転しやすくなった。一般の人でも運転できるクルマに一歩大きく近づいたのである。

難波が驚いたのは、走行性能がまるで違うことだった。旧型はスピードが出ないだけでなく、ピッチングがひどく、乗り心地がよくないばかりか、コーナーではちょっとのスピードでもすぐにひっくりかえりそうになったが、このクルマではいかにもサスペンションがその役目を果たして、ドライビングをしている感じをもつことができた。旧型のテスト走行では、箱根に行けばその日のうちにはまず帰れないと覚悟を決める必要があったが、その心配が大幅に減ったばかりか、疲労度がまるで違っていた。未舗装路が多く、路面状況は現在と比較にならないほどひどいものであった。

旧型のダットサンは、前後ともリジッドアクスルであったのはいうまでもないが、フロントは中央を固定した横置きのリーフスプリング1本だけのもので、いわゆる平行リーフスプリング2本のものとは違っていた。さらにダンパーも、2枚の円盤状のプレートでできた摩擦ダンパーで、減衰力は弱く、スプリングの振動をうまく吸収できなかったから、路面の凹凸をそのまま車体に伝えてしまっていた。このクルマを設計した当時は、あまりスピードを出さなかったからそれでよかったのであろうが、いかにも時代もののサスペンションで、とくにピッチングがひどいものであった。

110型では、リーフスプリングは前後とも左右の車輪のためにに別々に付いた平行リーフとなり、ダンパーも現在のものに近い筒型のものになっていた。それだけで大変進んだメカニズムになったように思えたものだったという。

大幅に改良が加えられたとはいえ、この110に搭載されたエンジンは、サイドバルブの旧型のエンジンをベースにしたもので、最高速度は85km/hであった。原をはじめとする開発陣は、もっとパワーのあるエンジンを積みたいと考えていたが、とりあえずはこれでガマンせざるをえなかったのである。110の車両重量は890kgであったが、4名乗車では1000kgを大きく超えてしまう。そうなると、やはりパワー不足といわざるをえなかった。

## ■2代目ダットサン210型の登場

このクルマに搭載されるために開発が進められたのが988ccのOHVエンジンであった。ボア・ストロークが73.0×59.0mmという超ショートストロークとなっていたが、これは高速タイプのエンジンにするというより、オースチンに使用された1500ccエンジンをベースにして開発され、そのストロークを短くして排気量を小さくしたためで

第 2 章 ダットサン乗用車の誕生とその後の経過

ダットサン210型。ダットサン1000と称され，フロントグリルが変わり，曲面のフロントガラスが採用されるなどが110型とのスタイル上の変更点である。

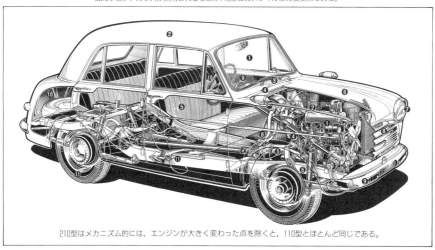

210型はメカニズム的には，エンジンが大きく変わった点を除くと，110型とほとんど同じである。

あった。

　これはアメリカからニッサンに技術指導にきていたドナルド・D・ストーンの主張を取り入れたものであった。日本のエンジン技術者たちは，新しいエンジンの開発にあっては，最適なボア・ストローク値をもったものにしたいと考えていたが，排気量の異なるエンジンをつくるには新たにゼロから開発しなくてはならず，効率がよくない。また，ニッサンではオースチンエンジンの生産のため，シリンダーヘッドやブロックの工程に日本で初めてトランスファーマシンを導入し，それが生産性の向上と原価の低減に威力を発揮していたから，ストロークの長さだけ異なるエンジンの生産は

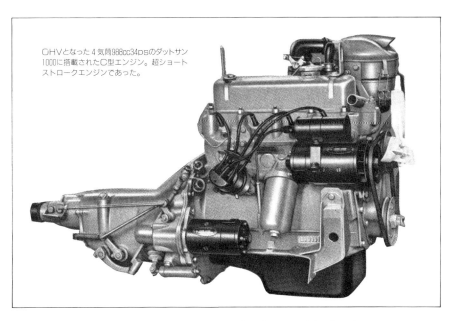

OHVとなった4気筒988cc34psのダットサン1000に搭載されたC型エンジン。超ショートストロークエンジンであった。

一部の設備の改善ですみ、新エンジンを製作する費用を大幅に節減することができるのである。大きさの違う何種類かのエンジンを同じ設計思想のもとにつくることができて、エンジン性能の向上という点でも効率がよいものとなる。この思想のもとに開発されたOHVエンジンが社内では"ストーンエンジン"といわれ、その後にL型エンジンが開発されるまでのニッサンの主要エンジンであった。

このOHVエンジンは、110型の誕生から2年後に発売されたダットサン210に搭載されて世に出た。ボディの簡単な手直しと新しいエンジンを載せただけでは、今日の感覚でいえばマイナーチェンジの範囲であろうが、当時はエンジンを新しくするというのは画期的なことで、モデルチェンジとして、その形式名が210型となったのである。

前述したように、モデルチェンジのサイクルも4年と決まっていたわけではなく、メーカーの事情によって、そのサイクルはまちまちであった。それだけでなく、いいクルマはフォルクスワーゲンにみられるように、モデルチェンジなどすることなく、長い間生産されており、技術者の間ではモデルチェンジ不要論も根強かった。良心的な技術者は、長持ちするよいクルマをつくる努力をすべきだと考えていたが、乗用車の販売台数が伸びるにつれて、ユーザーの要求を組み入れ、商品としての競争力を強めることが重要視されるようになっていく。

この210型は、ボディそのものは変わらないとはいえ、旧型のスタイルからの脱皮をはかる進化がみられる変更がなされた。

○型エンジンの主運動部品。3ベアリング式。　　○型エンジンのシリンダーブロック。クランクケースと一体となっている。

　また、フロントスクリーンに曲面ガラスを採用したことによって、それまでのものと比較して優雅なムードになった。視界もよくなり、平面ガラスのように光線の具合で眩しいということが少なくなり、ドライバーもゆったりした気分で運転できるようになった。それまではダッシュボードも直線的になっていて圧迫感があったが、曲面ガラスの採用によって緩やかなカーブが描かれるようになり、空間の広がりができた。運転するほうの気分はかなり違ったようだ。フロントグリルやテールライトのデザインも変えられた。

　画期的なことは専用のヒーターが装着され、同時にウインドシールドの曇り止めも付けられたことだ。それまでは、出来合いのヒーターを買ってきて付けるのが普通で、ヒーターのないのは珍しいことではなかった。難波がトラックでテスト走行している頃は、七輪を運転席のフロアに置いて、ときどきそれに手を当てて暖をとったりしたという。信じられない話である。難波にとっては工場から出荷されるクルマにヒーターが最初から付くようになったことが、驚きであった。

　サスペンションは110型と変わらなかったが、210型の開発テストでは、ばねのかたさやダンパーの減衰力を調整するなど、それまでより一歩進んだ課題に取り組むようになった。110型までは、乗り心地や操縦性についてよりも、いかに壊れずトラブルが少ないクルマにするかが最大の課題であった。

　また、クラッチ操作はそれまでのロッドで伝える方式から油圧を使用したものに改められた。これは中東に輸出していた左ハンドルのクルマに先行して採用されていたもので、将来の輸出を考え、同時にロッド式ではスタート時の回転力によるエンジンの回転振動のため、クラッチの断続が生じ、ジャダーが起こることを防止するためでもあった。ペダルもそれまではフレームから上に伸びて取り付けられていたが、吊り下げ式に改良された。

27

ダットサン210型のインストルメントパネル及びペダル類。このクルマからペダルは吊り下げ式となった。

　この210型はダットサン1000という名称で販売されたが、それはエンジンが大きくなったことをアピールするためであった。小型タクシーの排気量枠は910cc以下だったので、この988ccエンジンのクルマではそれをオーバーしてしまうため、従来のサイドバルブエンジンを載せた114型も併売された。しかし、その売れ行きはあまりよいとはいえず、2年もたたないうちに生産が中止された。この時点で戦前からの部品の使用は完全にニッサンの中から姿を消すことになったわけである。

　当時、時速100kmというスピードはひとつの大きな壁であった。このダットサン1000の最高速は95km/hで、もうひと息であった。これで難波は何とか100km/h出そうと頑張った。高速での安定性はいいとはいえない状態だったが、道のいい下り坂でようやくメーターの針が100km/hを指した。難波も周囲も大喜びであった。設計部長である原は、東大の自動車工学の権威である平尾収教授とは同期で、親しく交際しており、会合などでもよく顔をあわせたが、難波がある会合に同席した際、「これが、この間話したうちのクルマで100キロだした男ですよ」と紹介されたという。

　その後は真っすぐな道路でも追い風という条件があれば、100km/hの壁は突破することはできるようになったが、こうなると高速走行でのクルマの安定性が大きな課題となって浮上してきた。クルマに乗る人がふえ、高速走行への要求が必然的に大きくなってきており、クルマの性能向上はメーカーにとってこれまで以上に重要な問題となってきた。

## ■高速走行上の問題のクローズアップ

　こうした時期に、それをさらに促す刺激がふたつあった。ひとつはアメリカへの輸出を図ることになり、そのためにどういうクルマにすべきかという課題に取り組んだ

ことだ。もうひとつはオーストラリアのラリー競技への挑戦である。いずれも，狭い日本国内から目を広い世界に向けて大きくはばたくための準備として意義深いことであった。

ラリーへのチャレンジについては，あとでくわしく述べることにしたいので，ここでは対米輸出のための走行テストについて，さらには四本和巳のカリフォルニアのアートデザインセンターへの留学についてみることにしよう。

戦後初めて1958年のロスアンジェルスの自動車ショーに出品されたダットサントラックと乗用車は，アメリカでの販売の可能性があるということで，翌年の2月にはニッサンのなかに輸出対策委員会が設けられ，性能向上の指針を決める手がかりを掴むためにダットサン210型をアメリカで走行テストすることになった。設計部からは原をはじめとして3名が選ばれ，主として高速走行を実施した。

日本ではせいぜい70km/hまでくらいの走行であったからほとんど問題にならなかった高速走行時の振動が，アメリカでは大きな欠陥として浮かび上がっていた。その実態をつかみ，解決の方法を見付けると同時に，高速走行での安定性をよくするためのチューニングをすることなど課題はたくさんあった。

日本のメーカーはまだ独自にテストコースをもっておらず，高速走行もままならなかったから，アメリカで縦横に張り巡らされた高速道路網を走る多くのクルマを見て，原は日本とアメリカの大きな違いに衝撃を受けていた。こちらはたった2台のクルマを持ってテストしようとしているのに対し，すでに何十万台というクルマが走っており，その実績をもとにアメリカのメーカーは新しいクルマの開発に取り組んでいるわけで，これではとても勝負にならないのではないか，というのがアメリカにきた最初の印象であった。

走り始めると，まず高速道路への進入が問題だった。十分に加速できないため流れに乗れるスピードにならず，進入路の終わりの地点でストップして，パトカーに下におりるように注意される始末だった。時速60kmを超えるとシミーが出て，とても時速80kmを超えたスピードで走り続けることはできなかった。当時はホイールバランスをとることさえ知らなかったのである。

加速時の動力性能不足は，大きなハンディキャップであった。ダットサンの後ろについたクルマはそのペースからは加速できずに，走行レーンを変えるチャンスを失ってしまうことになり，やむをえず後ろについていくことになり，そのレーンだけ多くのクルマがつらなるという事態が生じた。

高速走行時の振動問題の解決そのものは，原因を追求していけば技術的にそう困難なことではなかったが，輸出するためには動力性能を上げることは必須の条件であることが身に沁みたのだった。

アメリカで宣伝用にとられたダットサン310の写真。このクルマから本格的な輸出が始められた。

　ちょうど，この1ヵ月半にわたる原たちのアメリカでのテストを実施しているときに，四本がデザインの手法やシステムを学ぶためにロスアンジェルスにあるアートデザインセンターに留学していた。四本はこの原たちのテストにヒマを見付けて参加したが，とてもアメリカへの輸出は無理だろうと思っていた。

　日本とは異なり，カルフォルニアはクルマがなくては生活ができないクルマ社会であった。当時は，恐竜時代といわれているように，テールフィンをつけたデザインのためのデザインのクルマが花盛りの，消費生活を謳歌する豊かなアメリカであった。とても日本がアメリカに対抗できるようなクルマをつくれるようになるとは思えなかったが，四本はデザインの方向はかなり異なるもので，日本には日本の進め方があると感じていた。

　自動車メーカーのデザイナーとしてアメリカに留学したのは，このときの四本がおそらくもっとも早いであろう。そのきっかけとなったのは，通産省がアートデザインセンターの教授を招いて，日本でその講演会を開き，アメリカのデザイン手法を紹介したことにあった。先にも触れたように，当時の日本ではモデルチェンジするよりは，長持ちするクルマをつくるべきだという考え方が支配的で，アメリカのデザインに対しては批判的であった。そのため，アートセンターの教授たちへの質問も，いいデザインと売れるためのデザインとは違うのではないか，といったものが多かったという。ところが，彼らにはその質問の意味がわからなかったようだ。そんな区別にこだわる意識はなく，商業主義といわれても，売れるクルマにするためのデザインがもっとも大切なことで，それに疑問をさしはさむことなど考えられなかったからだ。

アメリカのデザインプロセスは，日本のそれまでのやり方に比較するとはるかに進んだ，システマティックなものであった。四本が興味をもったのは，フルサイズのモデルでデザインを検討することだった。そこでモディファイすることができれば，これまでのものよりはるかにいいデザインになる可能性が大きいと思われた。

ひるがえって社内の体制を見ると，デザインの価値はあまり認められているとは思われず，その地位を上げるのも大変なことであった。将来的にどうしたらよいか迷っているとき，四本は日比谷にあったアメリカンクラブの図書館でバン・ドーレンの『インダストリアルデザイン』という本に接した。それはインダストリアルデザインのテクニックから考え方まで詳しく書かれており，その内容の深さに四本は感銘を受けた。これは，アメリカについて真剣に勉強しなければならないと強く感じた四本は，上司であった佐藤に，アメリカに留学させてくれるようにと頼んだ。

通産省の特殊法人で，日本の貿易を振興するために設立されたジェトロは，日本の技術レベルを向上させるための留学制度を実施しており，留学試験に合格すれば，留学資金の半分を援助する奨学制度があった。これを利用するつもりであった。しかし，佐藤は1年待てという。その間に佐藤がどう会社の人たちを説得したかは四本には分からなかったが，彼の留学は認められることになり，58年6月から1年間アートセンターに行くことになった。もちろん，留学のための試験を受け，それに合格したからだった。試験は英会話もあったが，主として指定されたもののデザインをその場でする実技であった。

アートセンターではデザイナーのプロを養成する目的だったから，授業は実習ばかりで宿題が多く，ついていくのは大変だった。描いてきたスケッチは壁に並べられて批評されるが，できの悪いものはその場で床に落とされて批評の対象にもならない。この宿題を2回やっていかないとそれだけで退学となる。毎日夜遅くまで宿題をやらなければならず，学校のそばにあるカフェテリアは真夜中でも学生がやってきて，宿題の進行状況を話し合ったりする光景が見られたという。毎年30人ほど入学するが，卒業時には3，4人になってしまうが，その卒業生の多くはGMやフォードなどに入り，アメリカ車のデザイン部門で活躍すことになる。

四本がこの1年間で学んだのは，デザインの考え方や内容だけではなく，そのプロセスであった。

日本にいたときから感じていたように小型車を主体とする日本は，アメリカとはデザインの方向が異なるのではないかという考えはこの留学を終えた時点でも変わらず，むしろそれが確信になったといっていい。ただし，そのプロセスを取り入れることによってデザインに組織的に取り組み，時代の流れに対処する必要があると感じていた。イタリアに代表されるようなミケランジェロやダ・ビンチといった数少ない天才が支配

するのではなく，システマチックに進めるのが日本に合っているのではなかろうか，と四本は感じていた。

日本はタテ社会といわれるが，本当はそうではないのではないか。ドイツのベンツ，フランスのシトロエン，イギリスのロールスロイスなどを見ると，時代が変わってもその伝統はしっかりと受け継がれていて，常に変わらない主張がある。これに対してアメリカは時代の流れによって変化し，その時代時代によってトレンドが変わり，その変化のほうが支配的であるヨコ社会であるといえる。そうしたふたつの流れに日本を当てはめていくと，必ずしもタテ社会ではなく，むしろヨコ社会ではないか，というのが四本の考えであった。

これをクルマに即していえば，時代の流れのなかでモデルチェンジを行って，さらに需要を喚起していくべきであるという主張となる。よいクルマはモデルチェンジしなくていいという，これまでの支配的な考えとは異なるものであるといえるだろう。

日本に帰ってきた四本は，アメリカのデザインプロセスを積極的に取り入れると同時に，こうした流行に敏感に反応して進めるデザインをニッサンに導入することとなった。このデザインプロセスの導入は，四本の1年後に，同じくアートセンターに留学したトヨタの初代デザイン部長となる森本真佐男がトヨタに導入し，日本のメーカーの多くがそれに追随したから，それがその後に続くデザインの基本的な手法となっている。

四本が帰ってきたのは58年6月のことで，そのときには佐藤章蔵らによって次のモデルである310型のデザインはすでにでき上がっていた。

## ■ダットサン310の誕生

ダットサンの3代目となる310型が発表されたのは59年7月のことだが，このクルマの企画は初代の110型の誕生後すぐにスタートしている。新しく開発したものとはいえ，110型は原たち設計陣にとっては最初に手懸けたもので，さらに進んだ機構をもったクルマをつくる準備をする必要を感じていた。

原たち設計部が当時身近に参考にできたクルマは，ニッサンが技術提携してつくっているオースチン，いすゞ自動車が同じく提携して生産していたヒルマンミンクス，日野自動車の同じくルノー4CV，さらに開発の参考にするために会社で購入したフォルクスワーゲンとモーリスマイナーであった。このうち，オースチンとヒルマンはひとまわり大きいクルマであり，ルノーは小さすぎるものであった。原は，クルマの性格は異なるが，モーリスマイナーとワーゲンを眺めながら，あるべきクルマの姿を模索した。

欧米のクルマに対抗するには，軽量でボディ剛性の強いクルマにすることが重要で

第 2 章 ダットサン乗用車の誕生とその後の経過

"近代感覚の美しい線でまとめられたダットサンブルーバード1200はしっとりとした優雅なふんい気と安心感のあふれたユニークなスタイルをもっています"とカタログに記されている。

ブルーバード310型のリアビュー。そのテールライトは"柿の種"と呼ばれた。

あると感じていたが、オリジナルの技術でそれを達成するのは至難の技であった。しかし、それに挑戦しなくては競争力のあるクルマになることはできない。そのために110型をベースにしてその贅肉をとって軽くしていく方法もあったが、それは消極的なものだ。思い切って小型軽量のユニットをつくり、テストで必要な個所を補強していく手段をとることにした。

　ここで問題になるのが、フレームのあるものにするか、いわゆるモノコック式のものにするかであった。オースチンはすでにモノコックになっていたが、日本の悪路での走行を考えるとフレームがないのは不安があり、容易に決断ができなかった。かな

33

ブルーバード310型の室内。コラムシフトで，前席も依然としてベンチシート。シートスライドは80mm。

りな議論になったが，閉じ断面にして強度を確保し，高さを低くできる断面形状をもったフレームを採用することにして，設計が行われた。

さらに，オースチンで採用されている非常に剛性の高いフロントサスペンションメンバーを装着することにし，ステアリングギヤもこれに取り付けることにした。オースチンはモノコックフレームなので，こうしたメンバーが必要であったが，310は最初からフレームがあるから，それにステアリングボックスを取り付ければすむ。しかし，それではサスペンション機構との関係でステアリングが剛性不足になる恐れがある。軽量化とはうらはらの結果となるが，ここでは慎重に同じようなメンバーを用いることにした。

結果としてサスペンションとステアリング系を，剛性の高いメンバーにしっかりと取り付けたことが，高速安定性のすぐれたクルマになったと評価された要因のひとつであったといえよう。

念願のひとつであったフロントの独立懸架はウィッシュボーンタイプのものを採用した。フロントにはコイルスプリングが装着され，上下のアームとナックルスピンドルでサスペンションが構成されている。これによって，悪路で片方のタイヤに衝撃がかかっても，もう一方への影響がなくなり，ホイールアライメントの自由度が増し，乗り心地だけでなく走行性も大幅に向上された。設計の狙いどおり，車体寸法が大きくなったにもかかわらず，車両重量が210型よりも65kgも軽くなったことも効果的であった。完成させるまでには，数々の試行錯誤を繰り返し，多くのテストをこなして，耐久性の確保，性能向上や軽量化などの努力が続けられた。

佐藤章蔵のデザインになるスタイルは，当時としてはたいへん垢抜けしたバランス

第 2 章 ダットサン乗用車の誕生とその後の経過

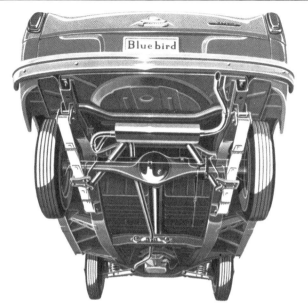

フロア面をできるだけ低くするように考えられたフレーム。リアはリジッドアクスル。

"本格的な独立懸架装置"と宣伝された310型のフロントサスペンションまわり。ダブルウイッシュボーンタイプとなっている。

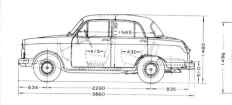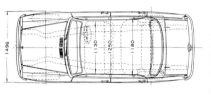

ブルーバード310型の2面図。

のとれたもので好評であった。都会のお嬢さんをイメージして決められたといわれており、いま見てもなかなかのものである。アメリカに輸出された310型は、日本のオリジナルデザインとして、そのスタイルは非常に評判がよかった。

スタイルが一新されたこのクルマを初めて見たテスト部隊の難波は、手頃な大きさの洒落た感じのするものになっていることに満足した。それでも、クルマというのはリーフスプリングが前後についているのが当たり前と思っていたから、フロントがコイルスプリングになっているのを見て、独立懸架のほうがいささか頼りない印象があった。

しかし、実際に走ってみると、そのすばらしさに舌をまいた。それまでのクルマと走りの感じが違うのだ。それまでのリジッドアクスルのクルマでは、コーナーをまわるのにタイヤの付け根の部分までの狭い範囲で踏ん張っていた感じだったが、310型では、タイヤの幅の分まで踏ん張れるので、コーナリングでの安定感が違うのだ。コーナリングスピードは格段に速くなり、独立懸架になるとこんなにいいのかという実感だった。

スプリングのかたさやダンパーとの関係で、操縦性と乗り心地の両立を図るだけでなく、フロントにスタビライザーを付けることによって、もう一段上の性能を狙うことも可能になり、その調整のためのテストが行われた。当時はシャシー関係の技術者を除くと、クルマにかなりくわしい人でもスタビライザーとはなにか知らない人が多かったという。

各社で新車の開発が活発に行われるようになって、事前にスタイルなどが外部に洩れないようにと、テストカーが一般道路を走るときはいわゆる覆面カーにしていた時代である。細かい仕様を決めたりするテストは、都下村山町にあった運輸省の機械試験所が使われたが、耐久テストや各種の走行テストは一般の道路で行われた。

とくに高速走行テストの場所を確保するのは、各社とも苦労していた。あまり余裕馬力がないから、最高速度を出すためには、かなり長い直線路を必要とした。ニッサンが見付けたのは、当時完成したばかりの国道18号線の戸倉-長野間の道路で、ここ

を交通の途絶えた真夜中に単独で走ることにした。近くの温泉宿に宿泊して，テストグループの面々は，昼間は宿でゴロゴロしていて，夜になるといそいそと出掛けていく。悪いことをする人たちには見えないとはいえ，はじめのうちは宿の人たちに不審がられたという。

これまでダットサンという名称しかなかったが，310型には愛称ともいうべきクルマの名前を付けることになり，"ブルーバード"と川又社長によって命名された。はじめはスノーバードという名前にすることに決まったが，アメリカでこの言葉に麻薬患者を意味する俗語があることがわかり，急遽取り止められ，メーテルリンクの『青い鳥』にちなんでブルーバードということになった。

59年7月末の発表と決まり，それに向けて準備が進められた。5月に入って発売までの問題点が出されて，最終的な検討が行われた。これまでニッサンが開発したクルマに見られないほど多くのテストをこなしたため，走行安定性やブレーキの片効き，居住性，乗降性から，各部の耐久性や強度といったことなど，多くの検討項目があることが報告された。このまま生産に移行するのはどうか，と危ぶむ声が経営陣から出されたという。

多くの問題点が出されたのは，これまでになく多方面にわたるテストをしたからで，それまでのクルマの開発過程と比較すれば格段に信頼性が上がっているものになっていた。原は，心配ないのではないかという見解を述べた。もちろん，大車輪で発売までの期間にさらに熟成を重ねることにしたが，大事をとって旧型の210も併売される決定がなされた。

また，当初は従来の210型と同じ1000ccのエンジンを積む予定で計画が進められていたが，原たちのアメリカでのテスト結果をふまえて，動力性能を上げた仕様もつくることになり，1200ccエンジンを積むことになった。従来の1000ccエンジンのストロークを延ばすことによって，排気量を大きくするという，例のストーンエンジンのメリットを生かしたものである。

こうして，新たにブルーバードと名付けられたダットサンは1200cc車がP310型，1000cc車が単に310型として，旧型である210型と一緒に売られることになった。このモデルチェンジされたブルーバードは予想した以上に評判がよく，注文が殺到し，旧型の販売は早々に打ち切られた。

吉原工場だけでは生産が間に合わなくなり，横浜工場でもラインを新設して，増産につぐ増産となり，月産2000台という当初の予定から3000台，そして4000台と伸びていった。ブルーバードはベストセラーカーの代名詞となった。

1959年の初代ブルーバードが発売された年の日本の乗用車の生産台数は8万台弱で，トラックをふくめた自動車全体の30%ほどであった。翌60年になると乗用車の生

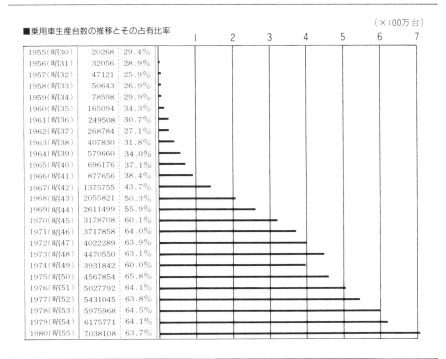

■乗用車生産台数の推移とその占有比率

| 年 | 生産台数 | 占有比率 |
|---|---|---|
| 1955(昭30) | 20268 | 29.4% |
| 1956(昭31) | 32056 | 28.9% |
| 1957(昭32) | 47121 | 25.9% |
| 1958(昭33) | 50643 | 26.9% |
| 1959(昭34) | 78598 | 29.9% |
| 1960(昭35) | 165094 | 34.3% |
| 1961(昭36) | 249508 | 30.7% |
| 1962(昭37) | 268784 | 27.1% |
| 1963(昭38) | 407830 | 31.8% |
| 1964(昭39) | 579660 | 34.0% |
| 1965(昭40) | 696176 | 37.1% |
| 1966(昭41) | 877656 | 38.4% |
| 1967(昭42) | 1375755 | 43.7% |
| 1968(昭43) | 2055821 | 50.3% |
| 1969(昭44) | 2611499 | 55.9% |
| 1970(昭45) | 3178708 | 60.1% |
| 1971(昭46) | 3717858 | 64.0% |
| 1972(昭47) | 4022289 | 63.9% |
| 1973(昭48) | 4470550 | 63.1% |
| 1974(昭49) | 3931842 | 60.0% |
| 1975(昭50) | 4567854 | 65.8% |
| 1976(昭51) | 5027792 | 64.1% |
| 1977(昭52) | 5431045 | 63.8% |
| 1978(昭53) | 5975968 | 64.5% |
| 1979(昭54) | 6175771 | 64.1% |
| 1980(昭55) | 7038108 | 63.7% |

産はその倍の16万台という大幅な伸びを示した。61年になると、トヨタはクラウン、コロナ、パブリカというラインアップで日本一をめざしており、プリンスはスカイラインを発売しており、日野自動車は独自に開発したコンテッサを開発して生産に移り、三菱はコルトで乗用車メーカーの仲間入りを果たし、富士重工業ではすばらしい軽自動車のスバル360を数年前から生産しており、さらにいすゞも独自に新型車の開発を始めており、マツダの前身である東洋工業やダイハツも乗用車部門への進出計画を練っていた。大幅な需要増が見込まれる乗用車の分野では、激しい競争が繰り広げられつつあった。

　好評のブルーバードも、1速だけシンクロメッシュでなかったが、すぐにトランスミッションを新設計してフルシンクロにしたモデルを出した。それが新たなセールスポイントになり、売り上げはさらに伸びていった。

　ニッサンでもブルーバードの好調さを維持するために、さらに一段上をめざしたクルマにするために次のモデルの企画に入った。

第2章 ダットサン乗用車の誕生とその後の経過

## ■ダットサン410の誕生

2代目ブルーバードとなるクルマは，モノコック構造にすることによって背の低い居住性のよいスタイリッシュなものにすることで計画が進められた。その計画のひとつに，スタイリングデザインをイタリアのカロッツェリアに依頼することが含まれていた。経験と伝統のあるヨーロッパのデザインは，日本よりはるかに進んでおり，よいものを作ってくれるはずであった。依頼先はデザイン界の巨匠であるピニン・ファリナが選ばれ，そのセンスのよさを取り入れることによって，日本人デザイナーへのよい刺激にしたいという経営陣の思いがあった。

ところが，これが結果として裏目に出たのである。

四本和巳にいわせれば，イタリアにデザインを頼むことになったのは，首脳陣が造形課の人たちが頼りなく思えたからかもしれないということだが，なぜ自分たちにやらせてくれないのかという反発も強かったようだ。

310型ができた直後にそれまでのニッサンのデザインを背負ってきた佐藤章蔵がニッサンをやめている。どうやらニッサンの上層部とクルマに対する考えの違いが表面化したらしい。乗用車の販売が伸びるにつれて，首脳陣の関心が非常に強くなり，それ

ファンシーデラックスという女性向けの仕様も用意されたブルーバード410型のカタログの表紙。

39

当時は秘密にされたが、ピニン・ファリナがデザインしたブルーバード410のスタイル。

尻下がりになっているといわれたブルーバード410型のリアビュー。

ボンネットに収められたE1型4気筒1189ccエンジン。

まではあまり口をさしはさまなかったのに，デザインの重要性を認識するにつれて，それまでのゆるい状態で勝手に進めるやり方が通用しなくなってきたという事情もあったのかもしれない。佐藤にしてみればクルマの造形についてあまりわからない人に，たとえ上司であっても口をはさまれることは我慢できなかったと思われる。

　佐藤がいなくなったことによって，原が一時的に造形課までみることになったが，デザイナーをまとめる役目を果たしたのが四本である。課長代理となり，やがて課長となり，ニッサンのデザインシステムをつくっていく。

　しかし，このときは新しく開発されるクルマのデザインが，ピニン・ファリナに頼むことになる経緯は知らされず，彼らとは関係ないところでこの計画が進められ，実際にある程度ことが進んでからその事実を知らされた。これはトップシークレットであった。

　デザインを進めるピニン・ファリナから四面図が送られてきた。しかし，それだけではどんなスタイルのものになるのかイメージが湧くものではなかった。

　四本が初めてそのクルマのモデルを見たのは，イタリアのピニン・ファリナのスタジオでのことであった。寸法や規格などのチェックを兼ねてイタリアまで見にいくことになったが，機密を保つために，その出張先は社内でもイタリアではなく九州であることになっていた。

　カスタマーの代表であるためか，四本はピニン・ファリナに丁重に迎えられた。フルサイズの石膏モデルができていた。これを見た四本の最初の印象は，よくできているがクセのあるデザインだというものだった。それを英文にして日本に電報を打った。当時は電話も思うようにはつながらなかったのである。しかし，フルサイズのモデルの仕上げはすばらしかった。アメリカのデザインもフルサイズのクレイモデルを用い，

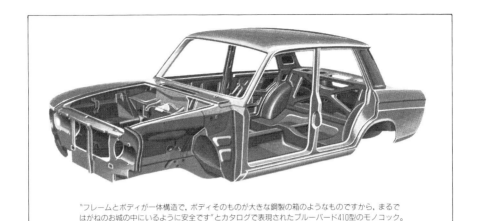

"フレームとボディが一体構造で,ボディそのものが大きな鋼製の箱のようなものですから,まるではがねのお城の中にいるように安全です"とカタログで表現されたブルーバード410型のモノコック。

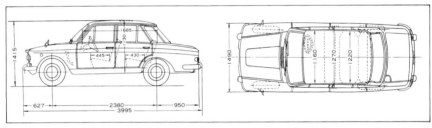

ブルーバード410型の2面図。

そこで検討を加えていたが,やはりデザインはフルサイズで最終決定をするシステムにしなくてはならないと強く思った。

ここで四本はリアが下がっているのが気になったので,それを上げられないかと注文をつけたが,ピニン・ファリナは機嫌よくそれを承知してくれた。

その後,ピニン・ファリナから塗装された模型がニッサンに送られてきた。それを見た上層部の人たちは,自分たちがイメージしていたものとはかなり違うものであるという印象をもったようだ。原も内心では,これで本当にいいのだろうかという疑問をいだいたものの,イタリアのカロッツェリアのなかでも一,二を争う有名なファリナがデザインしたものである以上,よくないはずはないという先入観をもっていたから,とくに疑問を述べなかった。それは多くの人に共通したもので,率直な意見が出づらいムードがあった。

四本はイタリアに行ったときに感じた印象を川又社長にここでも開陳したが,せっかく君たちのためを思ってわざわざ頼んでやったのにまだそんなことをいっているの

かと逆にたしなめられた。そのまま手直しせずに受け入れるようにというのが首脳陣の意向であった。ピニン・ファリナも修正は認められないという意向を示していた。

　寸法などでこちらの要望したものと違っていたので、それをどうしたらよいか、といったデザインの基本と関係ない議論などに多くの時間が費やされた。原によれば、こうしたデザインの印象というのは、最初のときが案外正しいもので、何度も見ているうちに、いいところも悪いところも目立たなくなり、次第にそんなものだろうという感じになって、平均化された印象になっていくものだという。このときも、せっかく高い謝礼を払ってデザインを依頼したのだから、これを採用しないわけにはいかないという経営者の意向を受けて、寸法の手直しが日本で行われることになった。

　ところが、運の悪いことに、その過程で62年に発表されたイタリアのフィアット1300・1500によく似たスタイルであることがわかり、誇り高いピニン・ファリナでは、これと印象の異なるスタイルにしようと、大幅な修正が加えられた。

　その結果、ルーフの部分は後に〝カッパの頭のような〟といわれるフラットな印象のものとなり、リアスタイルもフィアットでは尻上がりになっていたためか、逆に尻下がりになった。いずれも他のメーカーがブルーバードの欠点として攻撃する材料となり、日本では評判の悪いものとなった。しかし、アメリカやヨーロッパではこのモデルはわりと評判がよかったから、デザインがよくなかったというより、日本人の好みに合わないデザインであったというほうが正しいであろう。クルマとしてみれば、大きく見せるという点では損をしているだろうが、まとまりのあるすっきりした小型車という印象を今でも受けるはずだ。当時としてはしゃれた感じのデュアルヘッドライトとなっていた。

　四本らデザイン部門の人たちがピニン・ファリナから学ぶこともたくさんあった。その中でもっとも大きかったのは、インテリアのデザインだった。メーターパネルにはプラスチックや発泡スチロールが使用され、やわらかく人にやさしいムードになっていた。それまでのニッサン車は鉄板に塗装したパネルで、ドライバーにいい印象を与えようという配慮には欠けていたのであった。

　フルサイズのプロトタイプは、すばらしく仕上げられ、それまでのニッサン車にはないものだった。また、シートにしても出来がよく、ひとつひとつが丁寧にしっかりとつくられていた。塗装は深みのある濃いブルーになっており、ライトまわりのモールドがキレイに付けられており、日本でつくられる試作車とはレベルの違う印象を与えるものに仕上げられていた。

　当時の小型タクシーの枠が全幅1500mm以下となっていたので、この範囲におさめることになり、やや横幅の狭い印象のあるものとなったが、ホイールベースは旧型より100mm伸ばし、居住空間を大きくする配慮がなされた。車両重量は旧型の890kgに対し

410型のスタンダード車はベンチシートだが、デラックスは"スポーティ"なセパレートシートになっていた。

パッド付きの"朝顔型ハンドル"とメーターパネル。ハンドブレーキはステッキタイプであった。

て915kgとわずかにふえているが、これは豊かになっていく時代を反映していろいろな装備を充実させたためで、実際にはモノコックフレームの採用により、若干軽くなっている。

　このクルマを初めて見た難波の印象は、これは売れるクルマにはならないのではないかという疑問だった。もとより仕事はクルマを走らせることであったから、余計な口出しはしなかったものの、案外ユーザーの一般的な意見を代表していたのかもしれない。

　モノコックの採用で、ボディ剛性が向上したのは、走りの性能には大いにプラスになっているというのが難波の印象だった。コーナーでの安定性が増し、しっかりと路面にタイヤが食い付いている感じがあり、格段の進歩であった。初めのうちは、フレームがないので、タイヤがパンクしたりしてその交換のためにジャッキアップするにも、いちいちジャッキアップポイントを確認しなければならず、フレームがないのは頼りないという感じがあったが、モノコックは時代の趨勢として当然採用すべきものであることを走りのなかで実感していた。

　この410型が発表されたのは63年5月で、出だしの販売は決して悪いものではなかった。モータリゼーションの発展で、各社とも軒並み生産台数を伸ばしていた。このクルマの発売された63年の乗用車の生産は年間40万台を超え、翌年は58万台に達している。日本で生産される自動車のうち乗用車の占める割合は3分の1を超えていた。この伸びはさらに続き、その翌年は70万台に達する勢いとなり、さらに66年には87万台、67年には100万台を大きく超え、130万台を突破している。この伸びは、オイルショックの起こる1973年まで続き、自動車産業は、日本の基幹産業としての地位を不動のものにしていく。

第 2 章 ダットサン乗用車の誕生とその後の経過

**DATSUN SEDAN** — exciting new look...exciting new driving pleasure! Here's the first deluxe, quality-built economy car that gives you so many delivered extras, so many advanced design, engineering and performance features at such a low price! All new from its road hugging lower center of gravity design, to its all steel unitized body and frame...to its full command 4-speed floor shift. Bigger on the inside...with plenty of leg and headroom front and back...Datsun is longer and lower on the outside.

ダットサン410のアメリカ版カタログ。日本ではスタイルが不評だったが、アメリカでは逆で、売れ行きは悪くなかった。

　初代ブルーバードは、立ち上がりは月産2000台であったが、やがて8000台ペースとなった。モデルチェンジされた410型も8000台のペースで立ち上がった。じわじわと売り上げを伸ばし1万台を突破したが、そのあたりで頭打ちとなった。そんなところに登場したのが、3代目のコロナRT40であった。
　クラウンに次ぐトヨタの乗用車としてスタートしたコロナは2代目まではかならずしも成功したとはいえなかった。スタイルとしてはしゃれた2代目のRT20は、一部では人気があったもののひ弱な印象がつきまとっていて、それをトヨタでは懸命に払拭しようとあらゆる努力を続けたといっていい。この反省の上に立って企画されたのがRT40であった。これはアローラインとよばれる力強い印象を与えるスタイルで登場した。410型が発売されてから約1年後の64年10月のことである。
　車体の幅はブルーバードよりも60mmも広くなっており、室内もゆったりしていた。ブルーバードと比べると大きくいかにも存在感のある、日本人にわかりやすいスタイ

## 各車仕様比較

| 車名<br>車種 | ダットサン110 | ダットサン210 | ブルーバードP310 | ブルーバードP410 | ブルーバード510 | ブルーバード<br>P510(SSS) |
|---|---|---|---|---|---|---|
| 発売(年) | 1955年(昭和30年) | 1957年(昭和32年) | 1959年(昭和34年) | 1963年(昭和38年) | 1967年(昭和42年) | 1969年(昭和44年) |
| 車両重量 kg | 890 | 925 | 870 | 915 | 905 | 915 |
| 全 長 mm | 3860 | 3860 | 3860 | 3995 | 4120 | 4120 |
| 全 幅 mm | 1466 | 1466 | 1496 | 1490 | 1560 | 1560 |
| 全 高 mm | 1540 | 1535 | 1480 | 1415 | 1400 | 1410 |
| 客室長mm/幅mm | 1800/1150 | 1775/1220 | 1665/1250 | 1685/1240 | 1740/1270 | 1725/1270 |
| ホイールベースmm | 2220 | 2220 | 2280 | 2380 | 2420 | 2420 |
| トレッド前/後mm | 1186/1180 | 1170/1180 | 1209/1194 | 1206/1198 | 1280/1280 | 1270/1280 |
| 最高速度km/h | 85 | 95 | 115 | 120 | 145 | 165 |
| エンジン形式 | D-10型サイドバルブ | C型：OHV | E型：OHV | E1型：OHV | L13型：S-OHC | L16型：S-OHC |
| ボア・ストロークmm | 60.0×76.0 | 73.0×59.0 | 73.0×71.0 | 73.0×71.0 | 83.0×59.9 | 83.0×73.7 |
| 総排気量 cc | 860 | 988 | 1189 | 1189 | 1296 | 1595 |
| 最高出力ps/rpm | 25/4000 | 34/4400 | 43/4800 | 55/4800 | 72/6000 | 100/6000 |
| トルクkgm/rpm | 5.1/2400 | 6.6/2400 | 8.4/2400 | 8.8/3600 | 10.5/3600 | 13.5/4000 |
| 気化器 | 1-ダウンドラフト | 1-ダウンドラフト | 1-ダウンドラフト | 1-ダウンドラフト | 1-ダウンドラフト | 2-SU型 |
| 潤滑装置 | 飛沫式 | 圧送式 | 圧送式 | 圧送式 | 圧送式 | 圧送式 |
| トランスミッション | 4速：2-3-4シンクロ | 4速：2-3-4シンクロ | 3速：2-3シンクロ | 3速：フルシンクロ | 3速：シンクロ | 4速：フルシンクロ |
| ステアリング | ウォームセクターローラー式 | ウォームセクターローラー式 | カム・アンド・レバー式 | カム・アンド・レバー式 | リサーキュレーティング・ボール式 | リサーキュレーティング・ボール式 |
| サスペンション(前) | リジッドアクスル<br>平行重ね板ばね | リジッドアクスル<br>平行重ね板ばね | ダブルウィッシュボーン<br>・コイル独立懸架 | ダブルウィッシュボーン<br>・コイル独立懸架<br>・トーションバー式<br>スタビライザー付 | マクファーソン式<br>・ストラット独立懸架<br>・トーションバー式<br>スタビライザー付 | マクファーソン式<br>・ストラット独立懸架<br>・トーションバー式<br>スタビライザー付 |
| サスペンション(後) | 平行重ね板ばね<br>トーションバー・<br>スタビライザー付 | 平行重ね板ばね<br>トーションバー・<br>スタビライザー付 | 平行重ね板ばね<br>トーションバー・<br>スタビライザー付 | 平行重ね板ばね | セミトレーリングアーム<br>・コイル独立懸架 | セミトレーリングアーム<br>・コイル独立懸架 |
| リアアクスル | リジッドアクスル | リジッドアクスル | リジッドアクスル | リジッドアクスル | 床下固定デフ：ボール・スプライン駆動軸 | 床下固定デフ：ボール・スプライン駆動軸 |
| ブレーキ(前) | ドラム:リーディングトレーリング | ドラム:リーディングトレーリング | ドラム：ユニサーボ | ドラム：2リーディング | ドラム：2リーディング | ディスク |
| ブレーキ(後) | ドラム:リーディングトレーリング | ドラム:リーディングトレーリング | ドラム:リーディングトレーリング | ドラム:リーディングトレーリング | ドラム:リーディングトレーリング | ドラム:リーディングトレーリング |

ルをしていた。ニッサンは小型タクシーの寸法枠にこだわったのに対して、トヨタではそれを無視して大衆受けを狙って、ひとまわり大きくしてブルーバードより上のクルマにみせる戦術をとったのである。この頃になると、各メーカーのデザイナーが積極的にアメリカやイタリアに留学して、デザイン手法やそのセンスを学び、その成果が現れるようになってきていた。コロナはイタリアで学んできたデザイナーの最初の仕事であった。日本で受けることを第一義にデザインされており、それが成功したということができる。しかも、エンジンはブルーバードが依然として310型と同じ1200ccであったのに対して、コロナは1500ccにして、車格という点でもひとまわり上の印象を与えるような配慮がされていた。それでいて、スタンダード車の販売価格は56万7千円で、ブルーバード410より4千円高いだけだった。

このRT40型コロナの登場までは、コロナはブルーバードの敵ではなかった。このコロナの立ち上がりの月産台数は6000台を切るものであったが、評判はすこぶるよく、生産台数は毎月着実に伸びていった。そして、発売から3ヵ月後には肩を並べるまで

になった。そして，両者は一進一退の争いを続けた末に65年4月からはコロナが優位に立ち，それ以後はブルーバードはずっとその後塵を拝するにいたった。この間の販売合戦がマスコミで報道され，BC戦争などといわれたのである。ニッサンでは，社長の厳命によって，ブルーバードはスタイルがよくないから，というのは禁句になっていたが，多くの人は技術的に負けたとは考えていなかった。販売の実力でもトヨタのほうが優位に立っていたのは明らかで，販売台数の差にこれが反映しているといっていいだろう。

しかし，ニッサンが苦境に立たされたことに変わりはなかった。このまま事態を放置しておくわけにはいかなかった。スタイルや車両寸法で負けているというイメージが定着してしまっては，それをベースにしてマイナーチェンジしても限界があり，新しいモデルを開発して対抗するしかないと思われたのだった。

1967年2月に掲載されたRT40型コロナの新聞広告。

# 第3章　㊥計画とブルーバード510

　設計部長となった原禎一は，自動車の基本的な目的要素について明確に定義していた。それは"人と荷物をいつでもどこへでも，速く快適に安く運ぶことで，副次的な要素として，美しく，持つことに誇りを感じるものである"というものであった。それを実現するために技術をうまく生かすことが，設計の仕事であると考えていた。

　クルマの大きさに関しても，原は確固とした信念をもっており，その点では人に譲る気はなかった。それというのは，ユーザーなどの要望を入れると，クルマは大きい方に成長していってしまいがちで，そのうちにもっとも需要のあるゾーンから上にはずれることになる。そのために，従来からあった寸法のクルマを新しくつくらざるをえなくなる。一方，クルマの寸法の上限のところには，多くの車種がひしめくことになり，競争が激化し売れなくなる。したがって，クルマの寸法はできるだけ変えずに大きいものがほしくなったら，上の系列のクルマを買ってもらうように割り切るべきであるというものであった。

　ここで，3代目となるブルーバード510の開発についてみることにしたいが，それには2代目の410型の前まで話しをさかのぼらせる必要がある。というのは，その開発には必ずしもブルーバードの系列ではないものが，この場合にかぎって関係しているからだ。そこに，この510の成功のカギがあるともいえるのである。

　ニッサンでは，オースチンとの7年にわたる技術契約を終えて，自社開発のクルマをつくることになった。これが，オースチンA50ケンブリッジの後継者として1960年

第 3 章　㊥計画とブルーバード510

ブルーバード510のフロントビュー。

ブルーバード510のリアビュー。

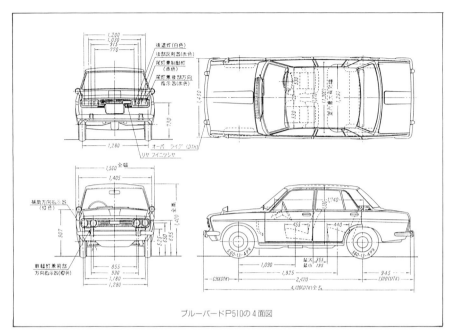

ブルーバードP510の4面図

に誕生したセドリックである。オースチンよりやや大きいクルマであったが、当時の中型タクシーの規格に合わせたもので、需要の多くは営業用であった。この初代セドリックはフロントガラスがまわりこんでいるのが特徴の、きわめて洗練されたスタイリングの都会的なムードをもっていた。ブルーバードとともに、ニッサンの乗用車の両翼を担うクルマであった。

　設計部で、このセドリックとブルーバードの中間のクルマをつくる企画がスタートしたのは、セドリック誕生の1年後の1961年のことであった。原には、将来的に見てそのサイズのクルマが必要になると予想され、同時にこのサイズがオーナーカーとしてはもっとも適当な大きさではないかという考えがあった。

　これは、会社側の強い要望による企画というより、設計部で、あるべきクルマの姿を技術的に追求したいという希望で、企画が進められることになったものだった。そのため、完成時期が明確に決められていたわけではなく、漠然と5, 6年後という目標が立てられていた。また、会社側が開発の必要性を強く感じていたものでなかっただけに、いろいろな制約をはめられることなく、設計陣が自由な発想で、技術的にも望ましい姿を追求することができるものだった。これが、ブルーバードのような会社の命運を決めるメイン車種であれば、開発期間が決められ、営業サイドからの要望があったり、コストなどの制約もきびしく、リスクのともなう試みはほとんどできないの

が実情だった。

　企画を進めるにあたって、原はクルマの性格付けを明瞭にし、開発陣が共通のイメージをもつようにする必要があると考えた。それを"中堅企業の役員あるいは大企業の部長クラスの人が、自分で運転してレストランに乗り付けるのにふさわしいクルマ"という言葉で表現した。その後、開発にあたって、そのクルマのコンセプトを表現するために、こうしたイメージづくりが頻繁に行われるようになるが、これはその先駆といってもいいものだ。

　この企画は㊥計画と命名された。はじめからタクシーなどの営業用としてはまったく考えず、あくまでも個人ユーザー向けのクルマとして開発する方針であった。この㊥というのは、いわゆる秘匿記号で、外部に開発計画が洩れるのを防ぐ意味があった。ちなみに、110型は㊀という秘匿記号が用いられた。

　㊥計画の推進にあたって、開発の狙いが決められた。
・まずは走行性能がよいこと。操縦安定性と乗り心地の両立を図ること。
・居住性がよいこと。5人がゆったり乗れること。
・リアトランクが大きいこと。

　原は海外旅行の体験から、ヨーロッパ車が合理的な作り方になっており、とくにトランクスペースを広くとっていることに感心し、国際的なレベルのものにするには、これを重視する必要があると考えていた。これが開発の出発点であり、四輪独立懸架方式を採用することにしたのも、これとの関係があった。というのは、リアにあってトランクスペースを制約するのは、デフ、スペアタイヤ、マフラー、ガソリンタンクであり、これらをうまく処理してレイアウトする必要がある。そのためにはリアサスペンションが独立懸架で、デフを固定することが、その条件になるからだった。デフを固定することによって、ガソリンタンクがやや異形になるものの上記の部品を床下にひとつのまとまったムダのない空間に収めることによってスペースを稼ぎ、トラン

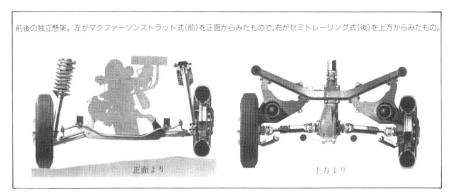

前後の独立懸架。左がマクファーソンストラット式(前)を正面からみたもので、右がセミトレーリング式(後)を上方からみたもの。

正面より　　　　　　　　　上方より

クを広くしようとしたのである。そのための方式は，後車軸より後方にサスペンションのパーツがこない配置になるセミトレーリング式が選ばれた。もちろん，独立懸架にすることによって，走行性のよさを確保することが可能になる。

　フロントサスペンションとしては，マクファーソン・ストラット式に目をつけていた。これはもっともシンプルで，機能的にもすぐれたものであり，このクルマのコンセプトに合うものであった。しかし，これはその名が示すように，GMの技術者が開発したもので特許があり，その採用に問題があるかもしれないものだった。しかし，原がこれを有力候補として考えたのは，イギリスフォードのクルマにも使われていることを知ったからで，交渉次第ではなんとかなると思えたからだ。また，ステアリングは，シンプルでありながら，確実性のあるラック＆ピニオン式にするつもりだった。スペース的にも有利で，軽量にできるのが魅力だった。ただし，路面からのキックバックが強いという欠点が指摘されていたが，これは技術的に対策できると考え，その採用に踏み切った。

　この頃になると，欧米の自動車の情報は豊富に入手できるようになり，細かい技術的なことまで比較検討できるようになっていた。

　⊕計画の内容について細かく見てきたのは，この仕様の多くがブルーバード510型に結果として採用されることになるからである。というのは，410型よりも２年先行して開発が進められていた⊕計画は，ハイオーナーカーとして開発が進められていたために，先進的な機構をもっていたから，これを取り入れることによって，コロナに苦戦しているブルーバードの名誉挽回を図ろうということになったのである。日頃から，川又社長が，うちでは四輪独立懸架のクルマはつくれないのかねと，原たち設計陣にその頃の先進技術として注目されていたメカニズムの採用を迫ったという事情もあったようだ。そのため，それまでの経緯でいえば，当然ブルーバードより先に日の目を見るはずであった⊕計画の車両開発はあとまわしとなり，急遽ブルーバードにこの先進技術を折り込んで，開発が進められることになったのである。

　もしこの⊕計画の進行がなく，410型の発売直後から次のモデルの開発を始めていたら，510型の姿は異なるものになっていたはずだ。少なくとも四輪独立懸架の採用は無理であったろう。

　⊕計画の車両のボディ寸法は，セドリックとブルーバードの中間的なサイズになっていた。この⊕計画車のブルーバードへの技術移行にあたっては，どこまでその寸法が詰められるかが課題であった。

　車両の幅は，エンジンルームに収める装置に左右される側面がある。この510型に搭載するために，OHCのL型エンジンが開発されていたが，これをエンジンルームに入れ，輸出車のために左ハンドルにした場合のペダル配置やステアリングの位置，オプ

第3章 ㊥計画とブルーバード510

覆面をして走るブルーバード510のテストカー。10人のテストドライバーが乗りつぎ，昼夜にわたる耐久走行が続けられた。

ションとして付けられるブレーキのマスターシリンダー，ATをふくむトランスミッション，ルームクーラー装置，さらには水冷式のトルコンのためのオイルクーラー，輸出国での大型バッテリー，LPG車のこと，こうしたいろいろな仕様の組み合わせでは100種をこえるバリエーションをカバーするエンジンルームとしての必要スペースが厳密にチェックされた。

　その結果，考えられるすべての組み合わせを満足させるためには1580mm必要であった。しかし，それでは原たちがイメージしているものより大きくなってしまう。そのうちの数種をのぞくと，大部分が1540mmの範囲に収まることがわかり，考えた末，原は大きな寸法になる仕様のものを切り捨てることにした。苦情が出れば，原が自分で責任をとりあやまる覚悟を決めた。それでも20mmの余裕をみて，全幅は1560mmと決めたのだった。

　リアのトランクスペースの大きさも㊥計画の考えを生かしたものだが，車両寸法が小さくなった分だけ苦しくなった。とくにガソリンタンクを床下に置くにはスペースがなく，輸出先の安全基準を考慮して，リアシートの後方に配置することにして，トランクスペースはその分狭くせざるをえなかったものの，それは㊥計画の車両と比較してのことで，同じクラスの他車にくらべれば大きいものになっている。

　室内の広さ，乗降性のよさなど細部の詰めを行いながら，このクラスでは余裕のあるものにする計画を立て，それに必要な寸法の積み重ねで全長が決められた。これほど厳密にレイアウトを検討し，寸法と性能との関係を計画の段階から詰めていったのは初めてのことだった。それが居住性のよさとトランクスペースの有効面積の大きさを確保し，他車とは比較にならない有利な点となった。

　原たち設計陣を悩ませたのは，ドライブシャフトのジョイントであった。従来はデフが固定されていなかったので問題なかったが，リアを独立懸架にしたためにドライブシャフトの振動を吸収するには，ふつうのスプラインでは大きなトルクがかかってゴツゴツしたショックがあって，対策の必要性が生じていた。初めはフランスのナデラ社のジョイントを使うことを検討していたが，耐久性に確信がもてずに悩んでいた。

この問題はちょうどプリンス自動車と合併することになったことで解決をみた。ドディオンアクスルのスカイラインに使われているボールスプラインを採用することにしたのである。重量とコストでは、若干オーバーすることになったが、それはやむをえなかった。

この⊕計画のクルマが、ブルーバードに遅れること半年でデビューしたローレルである。新しいメカニズムのハイオーナーカーとして登場するはずであったが、二番煎じのメカをもつ、あまり魅力的とは思われない印象を与えてしまった。それというのも、よいところをことごとくブルーバードに奪われたあげく、世に出るのも遅れたからで、生産はニッサンの工場ではなく、合併した旧プリンスの村山工場で行われることになり、ニッサンから設計と試作を終えたところで引き継がれることになった。合併したてで、意志の疎通も思想の統一も不十分なまま生産に移行したため、初期トラブルが出たりするという問題もあった。エンジンは当初はセドリックに使用されていた18HというOHVをOHCに改造して積む予定だったが、生産を村山工場にすることになったいきさつもあり、急遽旧プリンスで開発したG18という1800ccエンジンが積まれることになった。生産と設計の連携プレーがうまくいかず、混血児として登場することになった初代ローレルは、不幸な生まれ方をしたといえるだろう。

## ■510の基本的な特徴

510型は、最初からファミリーカーとして開発された。営業用の需要はこのクラスでは年々減り続け、1割にも満たないものとなっていた。これまで触れてきたように、その設計のベースとなったのは、本来ならこれよりひとまわり上のクルマであったから、ファミリーカーとしてはデラックスなものになる運命をもっていたということができる。

ブルーバード510型。"新しい時代に望まれる新しい車の全条件を、この一台に結集したニューブルーバード。これが"理想の車"を追求して得た日産自動車の解答です"とカタログにある。

# 第3章 ⊕計画とブルーバード510

　車両寸法は，安易にサイズアップしないという原の基本的なクルマに対する原則を守りながら，居住空間を大きくし，乗降性をよくする配慮がなされている。具体的には，全長が4120mmとなり旧型より125mm伸びており，全幅は70mm大きくなり，全高は逆に15mm低くなっている。ホイールベースは2420mmと旧型より40mmの延長である。さらにフロントのオーバーハングは45mm大きくなっており，これがスタイリングに影響を与えている。ちなみに車両価格は1300デラックスが64万円，スタンダードが56万円，SSSが75.5万円(いずれも4ドア)だった。

　フロントガラスの傾斜はかなりきつくなっており，ドライビングシートの位置はやや後退しており，ホイールベースの中央あたりにある。このレイアウトは，ファミリーカーというよりスポーツカーに近いといっていいくらいである。リアのガラスは傾

ブルーバード510スタンダード車の前後シート。

ブルーバード510SSS車の前後シート。

斜がゆるく，リアシートの居住性を犠牲にしていない。それにドアガラスがカーブしていることによって，寸法に表れない空間の広さを確保している。これに三角窓の廃止が加わって，スタイルの大きな決め手となっている。

発表にあたって，七つの新機構を採用したことがこのクルマのうたい文句となった。
・三角窓のない新鮮なスタイリング。
・新OHC72馬力エンジン。
・新ストラット型前輪独立懸架装置。
・新セミトレーリング型後輪独立懸架装置。
・カーブドガラス。
・新フレッシュエアシステム。
・安全設計。

これらのうちスタイリング，懸架装置を中心にしたシャシーやOHCエンジンについてはのちほど見ていくことにするので，ここでは安全設計についてまず触れることにしよう。

モータリゼーションの急激な発展により，交通事故の増大や排気問題が，このころから無視できない問題としてクローズアップされてきていた。とくに輸出する場合は，当時の日本より厳しい安全規制をしくアメリカの基準に合わせる必要があった。これを設計の段階から考慮したのである。

アクティブセーフティの面からみれば，エンジン性能の余裕，シャシー性能の高さによる走行安定性のよさが第一であるが，さらにブレーキ性能，視界のよさなどがある。夜間にドライバーの目をさえぎらないように光りもののつや消し，計器板の眩惑防止のための黒色上張りや無反射式ガラスの採用などがある。

歩行者や自転車に対しては，ステーの突出していないフェンダーミラー，埋め込み式のドアハンドルの採用などの配慮がなされた。

パッシブセーフティに関しては，計器板のパッド，ドアロック，さらには今日では常識となっているクラッシャブルボディの考え方が導入されている。また，シートベルトはまだ装備されておらず，前席には3点式，後席の中央席には2点式のベルトが装備できるアンカレッジが設けられている。三角窓の廃止にあたっては，そのロック用の金具が室内に露出しているとアメリカの安全基準を満たすことができないという事情もあった。

新開発されたエンジンは排気対策が施されていた。規制が厳しくなるのはさらにこの4，5年先のことであるが，すでにカリフォルニアの光化学スモッグは大きな話題となっており，公害問題が緊急の課題としてクローズアップされるのは時間の問題になっていた。それに対応して，一酸化炭素やブローバイガスの減少をめざしていた。キ

ャブレターの加工精度を上げ，セッティングを念入りに行うなど一酸化炭素を減らすことにした。また，シリンダーブロックにブリーザーチャンバーを設け，そこからエアクリーナーにガスを導くブローバイガス還元装置を設けている。

こうした安全や排気対策のために，開発の過程では20台以上の試作車を衝突実験に使用し，エンジン単体での台上耐久試験は7000時間にも及ぶものとなり，これは1台のクルマの走行では100万kmに達する距離に相当するという。開発が人と費用と時間のかかるものになってきており，それを着実にこなしていくことが求められていた。

## ■スタイリングデザイン

現在は設計部門は神奈川県の厚木にあるニッサンテクニカルセンターに統合されているが，当時は合併したとはいえ，旧プリンス系の荻窪に対し，ニッサン系は鶴見にあり，それぞれ独自に開発にあたっていた。鶴見の設計部の中にある造形部門のチーフである四本は，首脳陣を説得して，自動車メーカーとして恥ずかしくない機能を備えたデザインルームをつくり，その最初の仕事がこのブルーバード510であった。ようやくその力を思い切り発揮できる機会が訪れて，大いに張り切って取り組んだ。

旧型のブルーバード410のスタイリングの評判がよくなかったから，四本たちは，いささか複雑な心境になっていた。イタリアのカロッツェリアデザインは個性的で量産車向きではなく，イタリア人と日本人の好みの違いもあり，もっと日本的な要素を前面に出すべきだと考えていた。

四本は，デザインコンセプトをまとめるにあたって，それがそのままクルマの宣伝にも使えるものにしたいと思った。デザインの段階からマーケットのことを考える必要性を感じていたのである。そこで，生まれたのが，ウエッジシェイプを基調とした

内野輝夫の描いたブルーバード510のイメージスケッチ。まだこの段階では三角窓は存在していた。

フルサイズのエクステリアのクレイモデル。最終モデルが決定し，そのリファインのためにつくられたもの。

"スーパーソニックライン"である。これは高速をイメージしたもので"超音速"を意味している。

　もうひとつの基調は，"クリスプ"という歯切れのよさであった。このコンセプトの最初のデザインが初代のシルビアで，その華麗なスタイリングは当時かなり話題になったものだった。これを受け継いだクリスプという流れは，直線的構成美の追求にあり，ボディはロングフード・ショートデッキであった。高速走行で空気の壁を切り裂いて前進するためには，かつての流行であった流線型ではなく，強力なパワーで前に押し出す超音速機のフォルムをイメージさせるクサビ型がふさわしいという発想である。居住空間を大きくするために，現在はフードはあまり長くしないが，エンジンパワーをイメージさせるためには，ロングフードにしたほうが，その力強さを強調することができるという考えだった。

　原たち設計部によるレイアウトが固まり，それをもとにイメージスケッチが描かれた。原はスタイリングのもつ重要性を考慮して，通常よりもデザインに手間をかけることにした。クレイモデルは多くて2種類くらいだったが，4種類つくって，その中から選ぶことしたのである。つくられたモデルのなかにはウエッジになっていないものもあったが，首脳陣も含めて，スーパーソニックという方向は受け入れられ，スタ

第3章 ㊥計画とブルーバード510

インテリアデザインのためのモックアップ。右はマイナーチェンジ後の1300cc用。左が1600ＳＳＳ用。

イルは一定の方向に収斂していった。

　むしろ，ウエッジシェイプにするために，どこまでエンジンをはじめとするフード内の部品の位置を下げることができるかが問題であった。そのためにエンジンやシャシーの技術者と話し合い，理解と協力を得る必要があった。現在の目でみると，フードが前にそれほど傾斜しているようには見えないが，フロントガラスの傾きを含めて全体で見ると，当時としては斬新なウエッジタイプであった。

　四つのモデルからふたつを選び，さらにふたつのモデルをそれぞれにリファインしたＡ，Ｂのモデルの計4種類のフルサイズのモデルをつくり，そのなかから選ばれたのが若手デザイナーの内野輝夫のもので，これが510型の原型となった。それを磨き上げる過程で，三角窓がなくなり，カーブドガラスを採用したものになっていった。

　ドアガラスがフラットな面のガラスでは，ウエストラインから上にいくにしたがい傾斜をつける，いわゆる台形絞りのスタイルにすることがむずかしい。ルーフまでのサイドラインは傾斜があったほうがスタイルとしてはきれいに見える。しかし，ルーフを小さくしすぎては，頭がガラスに近付いて居住性がよくなくなる。そのあたりの兼ね合いはあるものの，こうした平面をつなげた直線的なスタイルのクルマでは，台形絞りにしないと間が抜けてしまう。そのため，曲面ガラスを使わなくてはならなかったのである。平面ガラスでは，台形絞りにするとドアの開閉がむずかしい。曲面ガラスでもドアの内側にガラスを格納するのが楽というわけにはいかないが，できない相談ではなかった。しかし，平面ガラスでさえ雨漏りを防ぐのは苦労しているのだから，まして曲面ガラスではという反対意見もあった。四本たちが，デザイン上のよさを強調して説得につとめると，それならデザインで雨漏りをなんとかしてくれるのか，と詰め寄られたりした。これは，設計部の若手技術者たちの熱意で解決された。ヨーロッパ車では常識になっていたが，当時の日本の技術がようやくその水準に近付きつ

510型の三角窓のないスタイルは当時大いに話題を呼んだものだった。

つあったのである。

　曲面ガラスを採用することで，ドアの開口面積を大きくできるメリットもあり，室内のショルダールームに余裕ができる。そのためには曲率が小さいほうがいいが，そうなるとガラスの格納のためにドアのインナーパネルが厚くなり，居住空間を狭くしてしまう。あらゆる条件を考え，ガラスの曲率は2500Rに決められた。それによってショルダールームは旧型に比較して90mm増大した。

　いまでは三角窓といってもピンとこない人のほうが多いかもしれないが，当時のクルマではサイドドアのいちばん前方，つまりフロントピラーを斜辺とした小さい窓があるのがふつうで，このガラスを開けておくと，フレッシュエアがうまくドライバーの身体にあたって具合のいいものであった。クーラーのない当時，暑い季節の換気にはもってこいだった。

　この三角窓をなくしてしまおうという案がデザインをする人たちから提案されると，賛否両論が出てかなり議論を呼んだ。設計部の若手もこれに賛成する人がいたが，統括する原は，すぐにはその採用を承認しなかった。この三角窓があるとドアガラスの開閉のためのガイドがうまく使えるが，それがなくなるとドアの開閉でガタついて具合の悪いことにならないかと原は懸念したのだった。

　デザイナーと車体設計の人たちが，これをものにしようと懸命の努力を重ねているのを見て，次第に原も頑固さを通さなくてもいいと思うようになっていった。むしろ，スタイルがいいだけでなく，視界もよくなり，新しいトレンドとして積極的になくすべきだという意見が大勢を占めるようになってきたことで，原はこれを承認することにした。

第3章 ㊥計画とブルーバード510

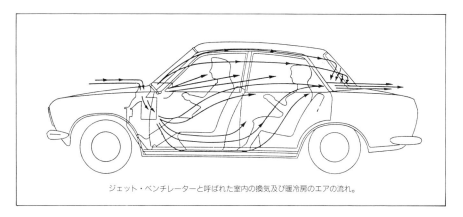

ジェット・ベンチレーターと呼ばれた室内の換気及び暖冷房のエアの流れ。

　スタイルとは直接関係ないが，三角窓のかわりを兼ねるジェット・ベンチレーターと呼ばれる換気装置は，十分に画期的なものであった。これは冬の寒いときに呼気によって窓がくもるのを防ぐために室内に新鮮なエアを通そうとするもので，相当量のエアを入れるためには，その入り口と出口の圧力差が大きくなければならず，通路断面積を大きくしなくてはならない。入り口はフロントガラスの下部，出口は後方の窓の近くが選ばれたが，細かい仕様を決めるために四季を通じてテストを繰り返し，夏でも窓を締め切っても涼風がドライバーの顔にあたるように工夫された。このテスト中の冬のあるとき，停車中の吸い出し口から逆にすきま風が入ってきているのを発見し，この部分からの車外騒音の侵入や洗車時の水の進入を防ぐためにも，ここにノンリターン・フラップバルブを追加してこの装置は完成されたという。
　デザインの最終段階に入っても，テール部分のデザインが，原にはいまひとつ納得できるものではなかった。そこで，㊥計画として進められていたローレルのテールのデザインをそっくりブルーバードにもってくることになった。このほうがはるかにすぐれていると原が判断した結果である。
　かつてはプレス用の鋼板は，上質なものが手にはいらず，成形の曲面によってはシワができたり，亀裂が入ったりして，デザインに制約が加えられていたが，この頃から材質もよくなり，複雑な面をもつデザインができるようになってきた。
　この510型のデザインは，日本人の美意識にあっていたことが成功した，と四本はいまでも考えている。ピニン・ファリナには負けたくないという気持ちが強く，設計をはじめとする開発陣が一丸となって進んだこともいい結果につながったのであろう。

## ■四輪独立懸架と軽量ボディ

　フロントがマクファーソン・ストラットで，リアがセミトレーリングというサスペ

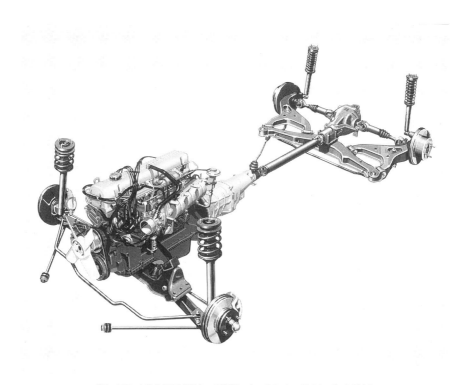

パワーユニットをふくめた510クーペ用のシャシーユニット。マイナーチェンジされているので細部にわたって改良が加えられているが、基本構造は同じである。プロペラシャフトのあるFR機構のシャシーとしてはきわめてシンプルであることがわかる。

ンション形式は，現代の感覚でいえば古めかしく思えるものだ。独立懸架とはいえ，部品点数が少なく，あるいはボディ位置を下げることができるという，経済的でシンプルな機構のものである。エンジンのパワーが上がり，いろいろな装備を付けることによって，重く贅沢になった現在のクルマには必ずしも適したものではないかもしれないが，合理性を備えた形式のサスペンションであった。その後この形式のサスペンションはヨーロッパだけでなく，日本のクルマでもしばらくの間主流となっていたものである。BMWなどにはすでに採用されていた。

410型では，フロントはダブルウィッシュボーン式であった。いまの感覚でいえば，このほうがストラット式より進んだタイプのサスペンションであるが，当時は必ずしもそうした受けとめられ方はされていなかった。逆にシンプルになることで，進んだメカニズムであるという見方さえあった。それだけダブルウィッシュボーン式のすぐれた点を生かしていなかったといえるだろう。

第3章 ㊥計画とブルーバード510

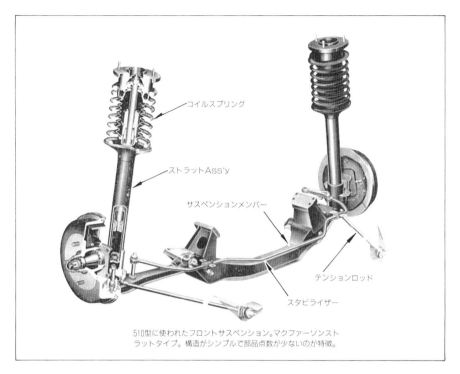

510型に使われたフロントサスペンション。マクファーソンストラットタイプ。構造がシンプルで部品点数が少ないのが特徴。

　ストラットタイプがフロントに用いられたのは、スペース効率がいいからで、その後のファミリーカーで定番となったのはそのせいである。
　このタイプの特徴は、その名が示すように、ショックアブソーバーを内蔵したストラット・ユニットが、クルマの上下動のガイドをなすと同時に、キングピンの役割も果たすことだ。それによって、ダブルウィッシュボーン式にあるアッパーアームを省略することができる。これにクルマの前後をささえるテンションロッド、左右をささえるトランスバースリングという構成である。
　エンジンルームに突き出すような部品がないから、小さいクルマでもそのスペースを確保しやすい。ブルーバードのように世界に輸出するクルマでは、エンジンルームを広くする必要性はきわめて高いのである。エンジンスペースに余裕があれば通気性がよくなり、整備性という点でも有利である。当時は、メンテナンスフリーの思想が導入されていたとはいえ、始業点検が義務づけられており、トラブルが起こる可能性は現在よりずっと高かったから、エンジンルームに手の入るすき間があることは、大切な要素であった。サスペンションがシンプルになれば、それだけバネ下重量が軽くなるというメリットがある。

ストラットタイプでは，バウンドしたときにはキャンバーはマイナスとなり，逆にリバウンドしたときにはプラスとなる傾向があり，この変化を計算してジオメトリーを決めることによって，コーナーでの前輪の踏ん張りが効くようになり，それだけスピードを高めることが可能になる。また，これに揺動部分に使われているラバーブッシュの形状やかたさを調整することによって，乗り心地と操縦性の両立を図る努力がなされた。具体的には，テンションロッドの車体とマウントしているブッシュをやわらかくすることによって，乗り心地をよくし，トランスバースリンクのブッシュは軸の直角方向の剛性を上げて操舵時の応答性をよくして操縦性の向上をめざしている。

もちろん，このストラットタイプはいいところばかりではない。ストラット・ユニット内部のピストンとシリンダーやピストンロッドとガイドブッシュなど摺動部の摩擦による性能の劣化や耐久性の問題があった。同じくストラットに内蔵されたショックアブソーバーは温度変化による減衰力の変化で，その機能を十分に発揮させなくなる恐れがある。これらは，サスペンションメーカーとの連携プレーで，時間をかけて解決しているという。

フロントに付けられたスタビライザーは，エンジンのオイルパンをはさんで車輪の前に配置されており，ステアリングリンクはその後方に配置されている。

さて，リアサスペンションであるが，前にも触れたように，これを独立懸架にすることがこのクルマの企画のスタートであった。

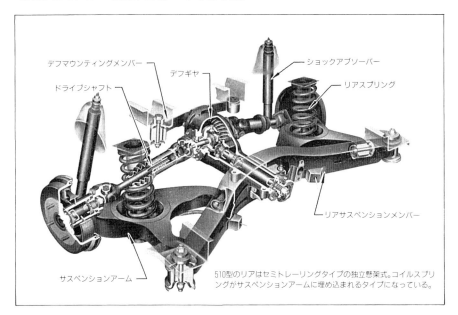

510型のリアはセミトレーリングタイプの独立懸架式。コイルスプリングがサスペンションアームに埋め込まれるタイプになっている。

リアを独立懸架にすることによって，デフがフロアに対して相対的に固定することができ，リアの無効な空間を小さくすることが可能になった。リジッド方式に比較して，その余裕の差は80mmもあったという。そのうち40mmはフロアを低くすることに使い，残りはシートクッションスペースやクルマの高さを抑えることに利用することができる。トランクスペースが広くなるだけでなく，スタイリングをよくすることができ，シートがよくなることによって乗り心地もよくなり，重心位置が下がることによって，操縦安定性の向上がみられるという，いいことずくめである。

　このセミトレーリング式独立懸架は，後車軸より後方に配置される部品がないので，後輪の位置を後ろに下げることができ，リアのオーバーハングを小さくすることも可能である。ホイールベースを長くすることによって，居住空間を広げ，乗降性をよくし，リアのオーバーハングを短くして，デザインコンセプトでもあったショートデッキにすることができ，併せてリアのヨーイングモーメントを減少させて，運動性をよくすることができる。

　しかし，路面の凹凸やコーナリングによるタイヤの挙動変化をうまくバランスさせるためには，きめ細かいセッティングが要求される。つまり，キャンバー変化をカバーするためのトーンの付け方など，あらゆる条件を想定してジオメトリーを決めていくには，それなりの経験とノウハウが必要であった。その壁を突破することが，この開発でのひとつのカギであった。実際には，発売されてからも，こうした面の改良が加えられ，次第に完成したものに近づいていったのである。

　このサスペンションユニットは，サスペンションメンバーを中心にしてデフケースが取り付けられ，セミトレーリングアームもラバーブッシュを介して同じように取り付けられ，それにコイルスプリングとショックアブソーバーによって構成されている。これによって，サスペンション部品とデフなど一式をまとめ上げる方式となり，振動や音を小さくする狙いと，生産ラインでの組み立ての容易さ，さらにはメンテナンスのしやすさなどの効果を意図している。また，コイルスプリングはトレーリングアームのなかに埋め込まれており，トランクスペースをかせぐ配慮がなされている。

　セミトレーリングアームの回転軸は，車両進行方向に対して25°，水平面に対して3°傾いている。これは走行テストによって，キャンバー変化とトーンとの関係を考慮して，路面の凹凸やコーナリングなどでのホイールの接地性の悪さが出ないということで決められたものである。また，リアサスペンションを後方から見ると，トレーリングアームの回転半径は，ドライブシャフトの回転半径より長いために，2個のユニバーサルジョイントの間にボールスプラインを入れて，ホイールの上下動にともなうドライブシャフトの長さの変化を調整している。このボールスプラインは，前にも触れたようにスカイラインに採用されたものを使ったが，これによりロールセンターを

踏力が小さくても制動力が得られるマスターバックが付いたのも当時はPR効果のあるものだった。

標準車は前後ともドラム式だったが、510型の1600SSSのフロントはディスクブレーキとなった。

下げることができ，キャンバー変化も小さくすることができたという。

　サスペンションメンバーは，箱型断面の鋼板を溶接したもので，両端はラバーブッシュによって車体に取り付けられている。アームのブッシュとともにその形状やかたさを工夫して，乗り心地と操縦性の向上を図っているが，これも技術の蓄積がものをいう部分である。

　サスペンションジオメトリーやスプリングのばね定数，さらには前後の荷重配分，スタビライザーの調整，ロールセンターの位置，サスペンションやステアリング系の剛性，タイヤ性能などの組み合わせで，ステア特性は弱アンダーステアになっているという。

　ステアリングは⊕計画では，ラックアンドピニオン式になっていたが，このクルマではリサーキュレーティングボール式（ボールナット式）であった。また，ブレーキも同様に9インチのドラムブレーキが付けられており，フロントはツーリーディングでリアがリーディング・トレーリングである。旧型と変わったのはブレーキ踏力が小さくてすむマスターバックを採用したことで，これはちょっとした進歩である。ただし，1600ccエンジンを積むSSSは，フロントはディスクブレーキとなっている。

　タイヤは5.60－13というごく一般的なサイズで，SSSも変わらないものだったので，この点に関してはマニアから不満の声が上がったようだ。

　こうしたメカニズムをつつむ車体の大きな特徴は，きわめて軽くできていることだった。前にも触れたように，ボディ用の鋼板の質がよくなり，薄くても剛性を保てるものとなり，モノコックボディの軽量化技術の進歩もあり，さらにはエンジンを含めて開発陣が意識的に軽量化に取り組んだ成果でもあった。さらにいえば，快適性や贅沢にみせるためのいろいろな装備が付けられておらず，機能を優先することでつくられているので全体にスリムであった。

　軽量化は，高性能化するのに有利であると同時に，経済的にもすぐれていることを

第 3 章 ㊥計画とブルーバード510

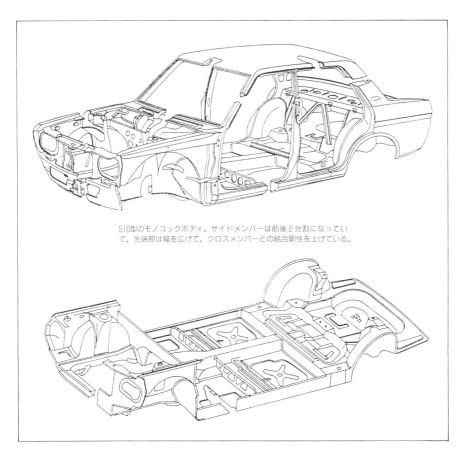

510型のモノコックボディ。サイドメンバーは前後 2 分割になっていて，先端部は幅を広げて，クロスメンバーとの結合剛性を上げている。

意味するのはいうまでもない。ちなみに旧型に対して全長では125mm大きくなっているのに，車両重量では10kg軽くなっている。この軽量な車体が，ばね下重量の軽減とすぐれたシャシー性能とによって，ラリーで活躍する原動力になるのである。

## ■新開発のOHCエンジン

　従来ブルーバード用には，1300ccにはJ系，1600ccにはH系のOHVエンジンが搭載されていた。モータリゼーションの発展にともない，エンジンの出力に対する関心は高まり，高性能への要求は強くなってきており，新しい時代に即応したエンジンの開発は，どのメーカーにとっても急務となっていた。もちろん，その開発には時間がかかるもので，しっかりとした計画と技術的な方向性を立てる必要があった。
　この510型に搭載されることになる新設計のOHCのL型エンジンは，ニッサンの主要

## ブルーバード510主要諸元表

| | | 510 (1300CC) | P510 (1600SSS) | | | 510 (1300CC) | P510 (1600SSS) |
|---|---|---|---|---|---|---|---|
| | 車両重量 | 905 kg | 915 kg | 燃料器 | 気化器送風方向 | 下向 | 横向 |
| | 乗車定員 | 5人 | 5人 | | 燃料タンク容量 | 46ℓ | ← |
| | 車両総重量 | 1180 kg | 1190 kg | 潤滑装置 | 潤滑方式 | 強制循環式 | |
| | 全　　長 | 4120 mm | ← | | 油ポンプ形式 | トロコイド式 | |
| | 全　　幅 | 1560 mm | ← | | 油コシ器形式 | ろ紙式 | |
| | 全　　高 | 1400 mm | ← | | オイルパン容量 | 4.0ℓ | |
| | 客室内側寸法 長さ | 1740 mm | ← | 冷却装置 | 冷却方式 | 水冷強制循環式 | |
| | 　　　　　　　幅 | 1270 mm | ← | | 放熱器形式 | コルゲート型密封加圧式 | |
| | 　　　　　　高さ | 1130 mm | ← | | 冷却水容量 (全) | 6.4ℓ | |
| | 空車時荷重分布 | 前輪 495 kg | 前輪 500 kg | | 水ポンプ形式 | 遠心式 | |
| | | 後輪 410 (405) kg | 後輪 415 kg | | サーモスタット形式 | ペレット式 | |
| | 積車時荷重分布 | 前輪 610 kg | 前輪 595 kg | 蓄電池 | 型式及び数 | NS40Z 1コ | |
| | | 後輪 595 (585) kg | 後輪 595 kg | | 電　　圧 | 12V | |
| | 積車時前輪荷重割合 | 50.0 % | 50.0 % | | 容　　量 | 35A.H. | |
| | トレッド | 前輪 1280 m | 前輪 1280 mm | 充電発電機 | 方　　式 | 三相交流式 | |
| | | 後輪 1280 m | 後輪 1280 m | | 電　　圧 | 12V | |
| | 原動機の型式 | L 13 | L 16 | | 容　　量 | 0.300K.W. | |
| | 総排気量 | 1296 CC | 1595 CC | 始動電動機 | 型　　式 | S114-103 MQ-GR | |
| | ホイールベース | 2420 mm | 2420 mm | | 電圧出力 | 12V-1.4-HP | |
| 寸法 | タイヤサイズ | 前輪 5.60-13-4PR | 前輪 5.60-13-4PR | クラッチ | クラッチ形式 | 乾燥単板油圧操作式 | |
| | | 後輪 5.60-13-4PR | 後輪 5.60-13-4PR | | クラッチ板枚数 | 1 (表張2) | |
| | 最低地上高 | 190 mm | ← | | 表張(外径×内径×厚さ) | 180×125×3.5mm | 200×130×3.5 mm |
| | 前オーバハング | 640 mm | ← | | 表張面積 | 264㎠ | 362㎠ |
| 重量 | 後オーバハング | 945 mm | ← | | 形　　式 | 前進3段、後退1段 | 前進4段、後退1段 |
| | 重心高 | 550 mm | ← | | | シンクロ | シンクロ |
| 性能 | 最高速度 | 145km/ℓ(推定値) | 165(推定値) | 変速機 | 操作方式 | ハンドルチェンジ式 | 床上直接式 |
| | 登坂能力 Sinθ | 0.387 | 0.487 | | 変速比 1速 | 3.263 | 3.657 (3.382) |
| | 最小回転半径 | 4.8 m | ← | | 〃　　2速 | 1.645 | 2.177 (2.013) |
| | 制動距離(初速50km/h) | 13.5 m | ← | | 〃　　3速 | 1.000 | 1.419 (1.312) |
| | 型　　式 | L13 | L16 | | 〃　　4速 | — | 1.000 (1.000) |
| | シリンダー数及び配列 | 4気筒直列 | ← | | 〃　　後退 | 3.355 | 3.638 (3.365) |
| | 燃焼室形式 | ウエッジ型 | ← | 推進軸減速機 | ドライブシャフト径×外径×内径 | 1082×63.5×60.3mm | |
| 機関 | 弁配置 | OHC | ← | | 歯車形式 | ハイポイド | |
| | 内径×行程 | 83×59.9mm | 83×73.7 mm | | 減速比 | 4.375 | 3.900 (3.700) |
| | 総排気量 | 1.296ℓ | 1.595ℓ | ステアリング装置 | 歯車形式 | リサーキュレーティングボール式 | ← |
| | 圧縮比 | 8.5 | 9.5 | | 歯車比 | 15.0 | |
| | 圧縮圧力 | 12kg/㎠ 350(rpm) | 12.5kg/㎠ 350(rpm) | | カジ取角度内外 | 38° 32′ 30″ | |
| | 最高爆発圧力 | 49kg/㎠ 3600rpm | 54kg/㎠ 4000rpm | | ハンドル径 | 0.405 m | ← |
| | 最高平均有効圧力 | 10.2km/㎠ 3600(rpm) | 10.6km/㎠ 4000(rpm) | | 車輪配列 | 前2輪、後2輪 | |
| | 最高出力 | 72ps/6000rpm | 100ps/6000rpm | | 前車軸形式 | ストラットボールジョイント式 | |
| | 最大トルク | 10.5m-kg/3600rpm | 14 m-kg/4000rpm | 走行装置 | トーイン | 6〜9 mm | |
| | 全負荷(rpm)における最少燃料費 | 210gr/2800ps-h | 220gr/3600ps-h | | キャンバー度 | 1° | |
| | 機関寸法(長×幅×高) | 0.635×0.645×0.686m | 0.635×0.610×0.656m | | キャスター度 | 1° 40′ | |
| | 機関整備重量 | 128kg | 131.5kg | | キングピン角度 | 8° | |
| | ピストン形式 | オートサーミック式 | ← | | 後車軸形式 | 半浮動ボールスプライン式 | |
| | ピストン材質 | AC8B | ← | | 種類形式　前 | ツーリーディング | ディスク |
| | ピストンリング数 | 圧力リング2、油リング1 | ← | | 〃　　　後 | リーディングトレーリング | リーディングトレーリング |
| | 吸気弁(口)開閉時期 (開) | 下死点前 8° | 下死点前 52° | | 表張寸法(幅×厚×長)前 | 40×4.5×219.5 mm | パット寸法39.7×9×86 mm |
| 関 | 吸気弁(口)開閉時期 (閉) | 下死点前 44° | 下死点前 16° | | 〃　　　後 | 40×4.5×219.5 mm | 40×4.5×219.5 mm |
| | 排気弁(口)開閉時期 (開) | 下死点前 50° | 下死点前 54° | | 表張面積　前後 | 351㎠, 351㎠ | 114.2㎠, 351㎠ |
| | 排気弁(口)開閉時期 (閉) | 下死点後 10° | 下死点後 14° | | 前228.6mm、後228.6mm | ロータ外径232 | |
| | 弁スキマ (吸) | 0.25mm(カムスキマ) | ← | | 親シリンダー内径 | 19.05mm | |
| | 弁スキマ (排) | 0.30mm(カムスキマ) | ← | | 車シリンダー内径　前後 | 前22.22mm、後22.22mm | 50.8, 20.64 |
| | 始動方式 | 始動電動機式 | | | 倍力装置形式 | マスターバック 4.5″ | |
| 点火装置 | | 蓄電池点火コイル式 | | | ブレーキの種類形式 | 機械式後2輪 | |
| | 点火時期 | BTDC10° /600rpm | BTDC14° /650rpm | | 表張寸法 | 40×4.5×2195 mm | |
| | 点火順序 | 1-3-4-2 | ← | | 表面積 | 351㎠ | |
| | 点火プラグ型式 | BP-6E L46P | ← | | 胴 | 228.6mm | |
| | 点火プラグ寸法 | 14mm | ← | 懸架装置 | 前輪懸架方式 | 独立懸架ストラット式 | |
| | 点火プラグ火花間隙 | 0.8〜0.9mm | ← | | 後輪懸架方式 | 独立懸架セミトレーリング式 | |
| 燃料装置 | 製造会社 | 日気、日立 | 日立 | | ショックアブソーバー形式 | 油圧式複動筒型 | |
| | 気化器ベンチュリー | 固定 | 可変 | | スタビライザー形式(前) | トーションバー式 | |

注：1300CC車は4ドアデラックス車

第3章 ㊥計画とブルーバード510

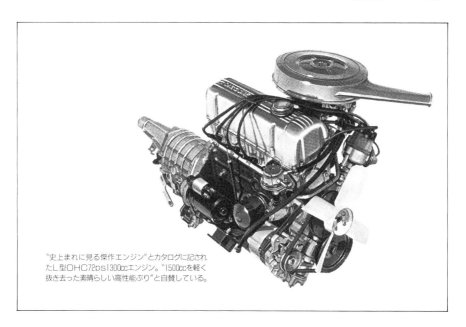

"史上まれに見る傑作エンジン"とカタログに記されたL型OHC72ps1300ccエンジン。"1500ccを軽く抜き去った素晴らしい高性能ぶり"と自賛している。

エンジンとしてその後長く使用されることになるものである。その企画は60年代に入って間もなく立てられたが、高出力をめざしながらも、合理的にいろいろなバリエーションをもつことによって、生産性を高めることが配慮されている。これは、かつてのストーンエンジンの思想を受け継ぐもので、アメリカの大量生産方式の利点を取り入れている。

　このL型エンジンは4気筒では、1300ccと1600ccが同一の系列となり、これに2気筒プラスした6気筒エンジンでは2000ccと2400ccがあり、きわめて合理的なものとなっていた。つまり、ブルーバードだけでなく、セドリックやその後に登場するダットサンフェアレディZにも搭載された。ひとつの系列のエンジンで、ニッサンの代表的な車種のほとんどをまかなうことになり、それは80年代に入って、さらに高性能化の要求が強まり、DOHC化が進むまで続いたのである。おそらくこれほど生産台数の多いエンジンはそういくつもないだろう。

　いうまでもなく、OHVエンジンでは、カムシャフトがシリンダーブロック側にあって、シリンダーヘッドにあるバルブはプッシュロッドを介して開閉する必要がある。そのため性能を上げようとしてもメカニズム的に限界がある。高回転化するとバルブが異常運動をしてしまうからだ。そこで、カムシャフトをシリンダーヘッド側にもってくることによって、バルブの開閉をスムーズにしようとしたのがOHCエンジンで、この採用は技術進歩にとっては必然の流れといってよく、これによってエンジン回転

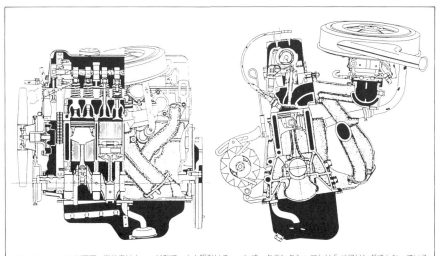

L型1300ccエンジン断面図。燃焼室はウェッジ型で、カム駆動はチェーン式、クランクシャフトは5ベアリング式となっている。

が上がり、パワーも向上することになる。L型の場合、同じ1300ccではそれまでのOHVエンジンに比較して約10ps、最高回転で1000rpmの向上が図られている。

OHCといっても、このL型では燃焼室の形状は半球型ではなくウエッジ型で、吸排気バルブは対向した位置ではなく、同じ向きに並んでおり、現在の感覚からみると古めかしく思えるタイプである。これは高速域だけでなく低速域の性能を重視した結果であると説明されている。

注目されるのは、シリンダーブロックが特殊鋳鉄製であるのに対して、シリンダーヘッドはアルミ合金製になっていることだ。ヘッドのアルミ化によって軽量化を図るだけでなく、放熱性のよさを意図している。ブロックはシリンダーとクランクケースが一体のもので、ディープスカート構造になっており、いまみるとがっちりと重そうなものだが、騒音を小さくし、剛性を保ち耐久性を確保するためである。一方、カバー類や補機類のケースなどにもアルミが使用され、軽量化が図られている。

このころからコンピューターによる解析が始められているが、その活用によって次第に贅肉が削られていくことになるが、まだその端緒についたばかりである。

カムシャフトの駆動はチェーンによって行われるが、カムがヘッド側に移動したことによって、クランクシャフトから遠くなり、比較的長いチェーンにしなければならないのが、当時の技術では問題になっていた。このチェーンの騒音を小さくすることに努力が払われ、開発の過程で実用化するのに問題ないレベルに達したという。

クランクシャフトは、従来の3ベアリング式のものから5ベアリング式となり、強

第3章 ㊥計画とブルーバード510

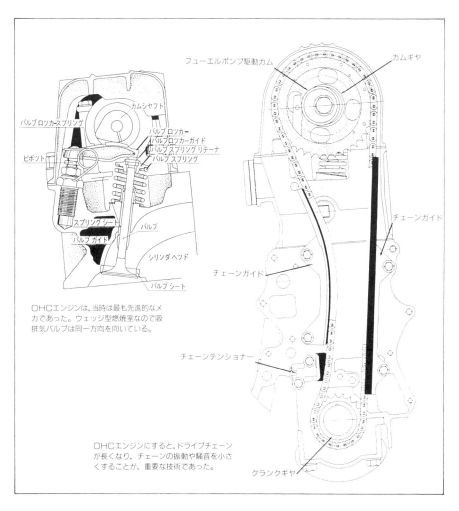

OHCエンジンは、当時は最も先進的なメカであった。ウェッジ型燃焼室なので吸排気バルブは同一方向を向いている。

OHCエンジンにすると、ドライブチェーンが長くなり、チェーンの振動や騒音を小さくすることが、重要な技術であった。

度や剛性面での向上が図られており、ベアリングメタルの材質も吟味され、同時に回転の上昇にともなうオイル供給にも配慮が払われている。ピストンは熱膨張によるシリンダーとのクリアランスが一定に保たれるようにスチールストラット入りのオートサーミック式になっており、コンロッドは特殊鋼の精密鍛造品となっている。こうした運動部品は各気筒間でバラツキがないように重量調整されている。近年はNCマシンにより工作精度がきわめて高いので問題にならないが、当時は運動部品の気筒ごとの重量のバラツキをなくすことは、エンジン回転のバランス上かなり配慮しなくてはならないことだった。

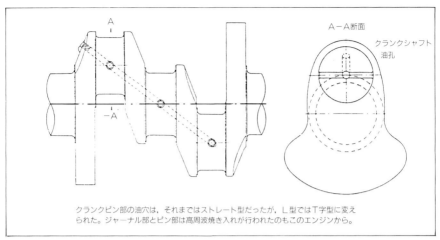

クランクピン部の油穴は、それまではストレート型だったが、L型ではT字型に変えられた。ジャーナル部とピン部は高周波焼き入れが行われたのもこのエンジンから。

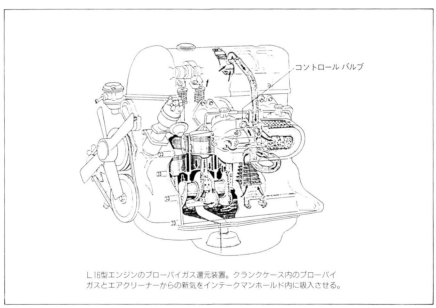

L16型エンジンのブローバイガス還元装置。クランクケース内のブローバイガスとエアクリーナーからの新気をインテークマニホールド内に吸入させる。

このエンジンは、車両への搭載にあたっては右側に12°傾いた配置になっている。これはインテークマニホールドを長くして、吸気の慣性効果を高めるためである。充填効率を上げるだけでなく、燃焼をよくすることによって燃費性能をよくし、同時に排気の汚れを少なくするためでもあった。インテークポートは吸入抵抗が少ないように曲がりがゆるやかな形状にしてあるためにシリンダーヘッドはやや高めになっている。

# 第3章 ⊕計画とブルーバード510

圧縮比は，1300ccではそれまでの8.2から8.5に高められている。

ブローバイガスの還元装置が付けられているなど排気対策が考慮されており，キャブレターのセッティングも十分に検討され，ジェット類のサイズが決められている。排気中の一酸化炭素を少なくするためにアイドル調整を行い，ユーザーにわたってからも，新車での1000km点検時に再度調整することになっていた。

このL型エンジンは，その素性のよさによってチューニングする余地がたっぷりとあった。それが後にラリーやレースで活躍するための元になった。チューニングするにはもってこいのところがあり，いまの複雑きわまりない電子制御されたエンジンとはまったく異なった印象のあるエンジンである。

## ■510SSS（スーパースポーツセダン）

近年は同一シリーズの車種でもセダンからハードトップ，クーペ，さらには2ボックスなどスタイルでもバリエーションが豊富で，エンジンも直4からV6，さらにはディーゼルやターボ付きまでバラエティに富んでいるものが，同一のボディに積まれている。こうした組み合わせで種類が多く，価格の幅も大きいが，当時はせいぜいデラックスとかスタンダード，スーパーデラックスという違いぐらいのものだった。したがって，510型で最初から1300ccのベース車とスポーツ仕様の1600ccSSSが揃えられたのは注目されることだった。これは正式にはP510と称されたモデルである。

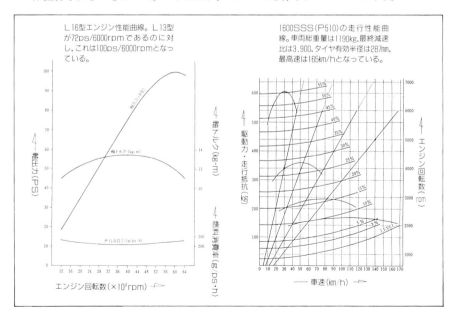

L16型エンジン性能曲線。L13型が72ps/6000rpmであるのに対し，これは100ps/6000rpmとなっている。

1600SSS（P510）の走行性能曲線。車両総重量は1190kg，最終減速比は3.900，タイヤ有効半径は287mm，最高速は165km/hとなっている。

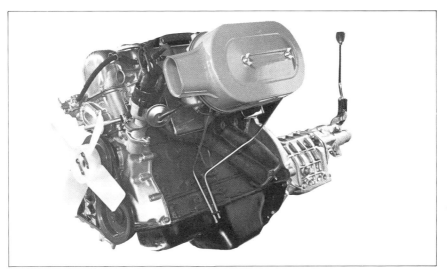

1600SSSに搭載された100psエンジン。ボンネットを開けると標準車はエアクリーナーが目につくが、これではロッカーカバーが目に入るようになっている。

　このSSS仕様というのはその前のモデルからあったが、モデルチェンジの時点から用意されたのは、これが初めてである。このSSSの出現によって510のスポーティイメージが強調された意義は大きい。このSSSは、エンジンの出力やシャシー性能、車体寸法や重量など、全体のバランスがきわめてよく、そのポテンシャルを十分に発揮したからである。四輪独立懸架というのもこのSSSのためにあるといえるくらいで、ニッサン車が国際水準に達したクルマとして、ラリーで大活躍できる素質をもって生まれてきたのであった。

　ブルーバードの最初のスポーツバージョンは、64年にデビューした410SSである。これは第2回日本グランプリレースに出場するためにパワーアップバージョンとして生まれたものである。規則によりツーリングカーとして認められるのは、1000台生産する必要があり、ニッサンでは410のOHVでシングルキャブの55psの1200ccエンジンを、SU2連キャブにして吸排気系を改良して65psに向上させ、当時3速のコラムシフトから4速フロアシフトにして発売した。

　さらに、その後鈴鹿サーキットから富士スピードウエイに舞台を移して行われた66年の第3回グランプリレースのためにつくられたのが、1600ccの410SSSである。これはOHVエンジンでありながら90psと、当時はかなりハイパワーなものであった。このころになると輸出車も性能がよくなくてはならないから、国内のものより排気量の大きいエンジンが積まれるようになっている。

第3章 ㊥計画とブルーバード510

P510につけられた1600SSSのマーク。

1600SSSはシックな黒一色に統一されたインストルメントパネルでスポーツムードを高めていた。"そのフィーリングは"マシーン"の味わいにみちている!!"とカタログにうたわれていた。

　こうした背景があって登場した510SSSは, ボディスタイルはノーマルとまったく変わることなく, わずかにサイドボディにSSSのエンブレムが付けられ, フェンダーミラーが砲弾型といわれたスポーティタイプになっている程度である。しかし, シートにすわるとまったく異なるムードになる。当時はいわゆるコラムシフトが主流であったが, 当然フロアシフトになり, コンソールボックスもスポーティさを強調し, シフト

ラリー用に開発されたオプションパーツを付けたブルーバード510SSSラリー仕様車。

ノブは木製のものが取り付けられている。メーターパネルのデザインもまるで違っていた。ノーマルでは，横型の大きなスピードメーターを基調にして各種のメーターが集合されているが，SSSではスピードメーターはタコメーターと並んで精悍なイメージの円形で，時計や集合メーターもそのわきに円形で収められており，黒くぬられたパネルでそれが強調されている。

ステアリングホイールは当時のスポーツカー用として人気のあったウッドリムの3本スポークで，そのセンターには誇らしげにSSSのマークが付けられている。シートはもちろん，フロントはセパレートになっており，通気性のよいビニールレザーとなっていた。

エンジンは，ベースの1300ccの83.0×59.9mmというボア・ストロークから1600ccにするためにストロークが73.7mmに伸ばされている。同じL型エンジンであるため，高性能を狙ったエンジンのほうが，ノーマルのものよりストローク・ボア比が大きくなっているのは皮肉なことに見えなくもないが，排気量を大きくしたことによってトルクのあるエンジンとなり，輸出仕様向きでもあった。

キャブレターは従来と同じ38φ口径のSUの2連であるが，シリンダーヘッドは性能向上のために変更が加えられている。インテークポートは太くなって吸気効率を上げ，燃焼室も大きめになり，吸気バルブはノーマルの38φから42φへとその径が大きくなっている。圧縮比は9.5と従来のR型エンジンの9.0より上げられており，これによって最大出力は100ps/6000rpm，最大トルクは13.5kg・m/4000rpmとなっている。また，バルブスプリングはコイルがダブルになっており，瞬間的には7000rpmまでまわしても耐えられるようになっている。

SSSになっても車体重量は1300デラックスの905kgに対して，915kgとわずかに重くなっている程度であり，そのポテンシャルの向上は大きく，日本ではそれまでには見られなかった本格的なスポーツセダンとして人気を博すことになったのである。

# 第4章 海外ラリーへの挑戦

　モータースポーツへの参加は，先進技術の開発にとっては重要な意味をもっている。とくに高性能化が要求された60年代においては，技術的進歩のためのテストとして欠かせないものであった。レースやラリーに出場することによって得たノウハウが生産車に生かされ，クルマの性能向上が図られ，信頼性の確保に大いに役立ったのである。また，国際的なイベントで好成績を上げることは，そのクルマの優秀性を実証することを意味するから，その宣伝効果が大きいのはいうまでもない。この章では，技術的に欧米のクルマに追いつこうと努力していた時代のダットサンチームの海外ラリーへのチャレンジについてみることにしたい。

## ■オーストラリア一周ラリーへの挑戦

　ニッサンが初めて海外ラリーに参加したのは，1958年のオーストラリア一周10000マイル（約16000km）ラリーである。その前年にトヨタはクラウンでこのラリーに出場しており，国際的なイベントへの参加という点ではトヨタが先んじているが，モータースポーツへの挑戦という面でその後の経過をみれば，ニッサンのほうがトヨタより熱心であるということができる。

　このラリーへの挑戦は，ニッサンの乗用車が世界の中でどのようなレベルのものなのかを知ると同時に，苛酷なラリーを走ることで，従来できなかったテストをする機会をもつ目的で，参加することが認められた。

オーストラリア一周ラリーに向けてダットサン210による富士川での水中走行訓練。

　オーストラリアを19日間にわたって，16000km走るこのイベントは，当時としては世界でもっとも苛酷で耐久性の問われるラリーであった。社内では，ラリーに出るよりフォルクスワーゲンのようなクルマを購入して徹底的に解析したほうが自他の技術レベルがわかるのではないかという意見もあったが，同じ条件で競争する方が学ぶことが多いのではないかという意見が入れられたのである。

　こうした技術的な挑戦という意義だけでなく，広い世界へ積極的に出ていって思い切り冒険したいという情熱から，ラリーに出場したいという意見があった。これこそが本来のモータースポーツへの参加姿勢の原点であるが，それを前面に押し出したのでは会社の仕事としては，承認が得られにくい。そこで，技術的な成果とか宣伝のためとか，人材育成という会社にとってプラスとなる側面を強調することになるのだ。

　遊び心を大切にした観点から，ラリーにダットサンで出場したいと考えて実行に移すべく努力していたのが，当時宣伝課長の職にあった片山豊であった。後にアメリカニッサンの社長になり，ニッサン車の対米輸出を手懸けて成功することになるが，ニッサンの創立翌年の1935年入社という子飼い社員であった。もともとクルマが好きで希望して入社したが，その頃は，自動車産業は先行きの見通しの立たないもので，一流企業のイメージからはほど遠いものだったという。片山は，戦後の最初の有力な自動車クラブであるSCCJ（スポーツカークラブオブジャパン）の創設メンバーのひとりで，欧米の自動車雑誌などを取り寄せ，ラリーやレースに対する興味は人一倍強かった。

第 4 章 海外ラリーへの挑戦

オーストラリアに向けて出発するチームメンバーの羽田空港における激励会。

ドライバーとして選ばれた4人。左から難波靖治(実験)、大家義胤(実験)、三縄米吉(サービス)、奥山一明(吉原工場組立)。

　実は、このオーストラリアのラリーへの参加も、片山はクラブのメンバーをドライバーにして出場したかったのだが、それは会社の認めるところとはならず、社内のドライバーが起用されることになった。片山のように競技自体を楽しむという考えを支持するほど、会社に余裕がなかったのだろう。

　海外のイベントに対する理解があり、積極的に参加を計画したために、片山がチーム監督になった。片山は前年に参加したトヨタ自動車販売のチーム監督の神之村邦夫のもとに行き、ラリーの様子やオーストラリアの状況を尋ねている。

　2台のダットサン210で4人が出場することになった。ドライバーは、実験部門やサービス部門、製造部門から選ばれたが、選考の基準はドライビングテクニックもさることながら、どんなトラブルや障害にあっても、それを克服してクルマを走らせ続けられると思われる猛者であることだった。

　この4人の中のひとりに選ばれたことによって、難波靖治はそれ以降モータースポーツと深く関わることになった。出場にあたって、彼は上司から、勝とうと思うなといわれた。それよりも、壊れたら修理して必ず完走すること、どこがどのように壊れたか、他のクルマはどのような状態かを観察して、できればそのデータをとってくるように、ということだった。

　本格的準備はイベントの開催される半年前から始められた。初めは主として、ドライバーの訓練であった。19日間走りっぱなしだから、体力が続くかどうかがまず問題だった。そのために、ダットサンをつくっている静岡県の吉原工場を起点にして瀬戸内海側をまわって下関に行き、そこから日本海まわりで吉原工場に戻り、さらに太平洋側を通って青森まで走り、同じく日本海まわりで吉原工場に戻るという、本州を8の字に走るコースを設定してノンストップで2周することになった。

　吉原と下関、吉原と青森、それぞれが約1000kmほどで、この2周で8000kmになる

が，これだけ走るのに18日かかった。舗装路はごくわずかで，ほとんど未舗装の道路であるから，スピードは上がらないが，クルマとドライバーには苛酷なものであった。わずかな休憩以外は休みなしで走るから，ふつうなら音をあげるところだが，選ばれた4人は，陸海軍の士官学校出身者であったり，戦車兵上がりの強者たちだったから，脱落者はでなかった。若いときに身体と精神を厳しく鍛えられていたからだ，と難波は思っている。

　この走行を何度も繰り返し，さらにはスピード感覚を磨くために，北海道で合宿して，本番のラリーに備えた。

　この訓練を兼ねた走行テストで，初めのうちはエンジンなどのトラブルもあったが，次第に耐久性に不安のあるトラブルが少なくなった。これによって，その大きな目標である完走には少しずつ自信をもてるようになってきた。ダットサン210が，意外にタフなクルマであることがわかったことも大きな収穫であった。

　出場するクルマは，ラリー用にチューニングするというほどの知識はなかったが，それぞれの部品の材料が吟味され，機械加工の後，焼き入れや焼き戻しをし，強度を確保するなどして出場車が仕上げられた。2台のダットサン210は，富士号と桜号という，いかにも日本的な名前が付けられ，オーストラリアに船積みされた。

　現地で約1ヵ月ほどのトレーニングをした。片山が注目したのは，ドイツのフォルクスワーゲンチームだった。ラリーカーの前を工具や部品を積んだワーゲンのバンが走り，トラブルがあるとその場ですばやく修理する。路上がそのまま修理工場になったようで，片山は大いに感心したものだった。ラリーにはもっと組織的に参加すべきであると思ったが，そんな体制を整える余裕はなく，ダットサンチームにはサービス隊などはいなかった。ラリー中は片山が本部で情報を集め，ラリーの経過を追ったり，頼み込んで主催者のセスナにタイヤを乗せて運んでもらう手配をしたり，自らも部品を運んだりした。

　オーストラリアにきてから，現地のナビゲーターを雇い，日本人のドライバー2人と1台に3人乗りで参加した。寸法でいうとダットサン210は，後年のマーチクラスのものより小さく，パワーもあまりないクルマに3人も乗ってイベントに出ること自体，現地の人たちやヨーロッパの参加チームの人たちには奇妙に見えたに違いない。しかし，壊れたら自分たちで修理し完走を果たすためには，周囲の目を気にする余裕はなかった。ラリー中は2人の日本人ドライバーが交替で運転し，バトンタッチしたドライバーは後席で仮眠することになる。

　スタート前に監督の片山は，ウサギとカメの話をもちだした。われわれはカメであり，遅くとも確実に走っていけば，最後にはチャンスがあるというわけだ。現地で，ヨーロッパからきたチームの走りを見て，片山はスピードではとてもかなわないが，

第4章 海外ラリーへの挑戦

"モービルガストライアル"ともいわれたラリーの車検を受けるダットサン210"富士号"。

珍しい日本車ということで、オーストラリアでは関心を集めた。

スタートを前にしたチームメンバー。左が片山豊監督。その隣りが現地ナビゲーター。

1958年8月20日スタート。シドニーを出発する"富士号"。1000cc以下のAクラスである。

第4章 海外ラリーへの挑戦

原野でスタックした"富士号"。参加したドライバーがストップして脱出するのを手伝ってくれる。19日のマラソンラリーなので，のんびりしたところもあるのが特徴。

コース上でエンジンストップ。サービス隊はいないので，乗員が修理する。

ボディは丈夫で耐久性という点では負けないはずだと思っていた。

さすがにオーストラリアは広大だった。何時間走ってもまるで風景が変わらない。舗装された道路は少ないが，フラットでスピードの出るところが多く，日本の道路状況とはかなり違っていた。景色が変わらず見通しがよいのでスピード感がないのだ。自分ではせいぜい60km/hくらいで走っているつもりなのに，メーターでは100km/hを指している。試しにドアを開けようとして，ものすごい風圧で開かず，間違いなくスピードが出ていることがわかるのである。

全体としてはアベレージスピードが高いが，泥ですぐにスタックするような悪路があったり，スクレーパーで削ってつくった道路は周囲より低くなっているので雨が降ると川のようになってしまったり，林の中の道のないようなところもあった。

豪雨と洪水でレースは事故の連続だった。カンガルーに激突したホールデン，泥沼の中でリタイアしたクライスラー，転倒事故によりナビゲーターが車外に投げ出されたモーリスマイナーなど，参加車67台で，19日の走行を終えて58年9月7日に，ゴールのメルボルンのアルバートパークにたどりついたのは35台であった。

片山の"カメ作戦"が功を奏したのか，2台のダットサンは完走を果たした。そのうち，難波と奥山の乗った富士号は，総合24位でゴールし，クラス優勝した。もう1台の桜号はクラス4位だった。フリーの途中で事故を起こしたモーリスマイナーのクルーを助けたことで，ダットサンチームにスポーツマンシップ賞も授与された。

技術的にも成果はたくさんあった。その一例がクラッチのオイル漏れのトラブルだった。これはスピード走行が原因だった。中東向けにつくられた左ハンドル用のクラッチにあけられた小さい穴がそれまでの走行では経験したことのないスピードで走行することによって負圧となり，オイルシールからオイルが漏れ出したのであった。こ

フロントフェンダーを凹ませた"富士号"。この程度の損傷はかすり傷程度でドライバーもまだ余裕がある。

の穴をふさぐ対策が次のモデルでとられた。また，電気部品のトラブルも多く発生した。高速走行による振動が主な原因で，コネクションがいかれてリークしたり，ディストリビューターが水につかって火が飛ばなくなったりした。

　日本人クルーが強く感じたことのひとつに，ネジの問題があった。当時のニッサン車には，車体関係はミリで，エンジン関係はインチサイズのものが使われており，工具類は両方に合わせるために倍の数が必要であった。現地で調達したネジがわずかの違いで使えないこともあった。日本にいればそれが当然のことで何の疑問も感じなかったが，現地の人にしてみれば，なんと不便でまぎらわしいことをしているのだろうと，首を傾げざるをえないことであった。難波たちも，お前たちは自動車だけを販売しているのではなく，工具も売っているのかと皮肉ともからかいともつかない言葉をあびせられたりした。

　帰国した彼らからこれを聞いた設計部の原たちは，気がつかなかったとはいえ気の毒なことをしたと，大いに反省したのだった。車体は日本で設計し製作していたのでミリが使われ，エンジンはイギリスのオースチンをベースにしたものであったためにインチが使用されたからだ。輸出を考えるなら，ネジの統一は基本であった。

　戦後13年たっていたが，オーストラリアの対日感情はよいとはいえず，到着早々に領事館の人から，多少は不愉快なことがあるかも知れませんといわれ，実際に酔っ払いにからまれたり，食事中にクルマにペイントしてあった日の丸が削られたりした。また，日本の工業は敗戦から立ち直っていないと思われており，現地でクルマを陸揚

第 4 章 海外ラリーへの挑戦

19日16000kmを走り切ってメルボルンのゴールに辿りついた"富士号"。

げするのを見て、本当に日本でクルマをつくっているのかと驚かれたりしたものだった。

　イギリスと関係の深いオーストラリアの交通は右側通行で、クルマは日本と同じ右ハンドルで、日本での習慣のまま走れたのは幸いであったといえるだろう。

　ラリーを終え、片山は19日間も休まず走ったので、ドライバーたちの疲れを取るために数日はゆっくりと休養し、ちょっとした観光旅行でもしてから日本に帰ろうと考えていた。しかし、日本からはすぐに帰ってこいと翌日の航空券が本社の指示で手配されており、仕方なくそれに従った。

　羽田に着いた一行は驚いた。川又社長をはじめ重役陣など大勢が出迎え、何十台というクルマが用意されていた。片山や出場ドライバーはオープンカーに乗り、銀座を通って、明治神宮までパレードした。まさに凱旋であった。片山はあまりの大げさなことにびっくりしたが、トヨタが2年間挑戦して果たせなかったクラス優勝を、世界の有数のクルマが出場した中で勝ち取ったのは大いに誇れることであり、宣伝する価値のあることだったのだ。

　パレードは東京だけでなく、ニッサンの本社のある横浜へ、そしてダットサン210の

クラス優勝したオーストラリア一周ラリーの一行が帰国、羽田空港からパレードが行われた。

58年東京モーターショーに出品されたダットサン210"富士号"を見物する人たち。

生産される静岡の吉原工場のある吉原市へと続いた。三島大社で歓迎式，吉原市の中学生や小学生によるブラスバンドや鼓笛隊に先導され，パレードは華やかにお祭り気分で繰り広げられた。

　クラス優勝の"クラス"の文字は小さく表示されるか，まったく消されるかしていた。ダットサンのこの輝かしい成果は，1年近くも日本全国でキャンペーンが続けられた。片山や難波たち参加者は翌年の1月に会社から特別表彰された。

　予想以上の収穫で，このラリーにはこれから毎年チャレンジすることになった。ところが，この年かぎりで，このオーストラリア一周ラリーは危険すぎるということで中止されてしまった。このラリーで2チームが事故を起こし，ふたりのドライバーが死亡していた。いずれも直線路かそれに近い道路で，テクニックが問題になるようなところではなく，事故の原因は居眠り運転のようだった。集中力を欠いた結果であろうが，疲労によるものと思われた。そのため，モータースポーツを統括するFIAでは，長距離ラリーを禁止する方針を打ち出した。次の年からは，FIAが公認するラリーは5日間以内に限られることになり，その結果オーストラリアのラリーは姿を消すことになり，ダットサンチームのラリー活動は，しばらく中断することになった。

## ■サファリラリーの特徴

　次にダットサンチームが国際ラリーに出場するのは，5年後のサファリラリーである。実際，日本でサファリラリーがこれほど有名になったのは，ニッサンが1963年から20年間にわたって出場し続け，それが報道されたことが大きいだろう。

　サファリラリーは，ダットサンチームが挑戦し始めた当時は世界選手権のかかったラリーではなく，単独の長距離ラリーとして知られていた。パリ・ダカールラリーのようなマラソンラリー（いわゆるラリーレイド）はまだ行われておらず，サファリラリーがもっとも苛酷で，冒険的な要素をもったラリーであった。

　第1回ラリーが行われたのは1953年で，イギリスのエリザベス女王が即位したのを記念して開催されたもので，第7回ラリーまでは，コロネーション（戴冠）サファリラリーと呼ばれていた。このラリーの開催国であるケニアは，当初はイギリス領だったが，独立してからも，サファリラリーはケニアの国家的なイベントとなっていた。そのスタートでは毎年大統領が臨席してセレモニーが行われ，大統領がケニア国旗を振り降ろしてラリーが始まる。

　ヨーロッパのラリーの多くは，舗装された比較的狭い山道のアップダウンとコーナーの多いコースでスピードを競うタイプのもので，勝負どころのスペシャルステージはそう長い距離を走るものではない。これに比べると，サファリラリーのコースの大部分は未舗装路で，そのほとんどが勝負どころとなり，大草原を走るスケールの大き

サファリのラリーコースにはキリンの棲息地が多く,すぐに珍しい動物ではなくなってしまう。

日本ではお目にかかれない豪雨では,たちまちのうちにコースが川となってしまう。ラリーカーがスタックすれば,原住民がすぐに押してくれる。

第 4 章 海外ラリーへの挑戦

雨のあとのマッドコース。カマボコ状になっているので，簡単に脱出できなくなってしまう。

サファリラリーは国家的行事であるとともに現地の人たちにとっても関心のあるものだ。

いイベントで，荒れ狂う大自然と戦わなくてはならないのも，このラリーの特徴であった。

第8回からのサファリラリーの正式名称は，東アフリカサファリラリーとなった。ケニアが中心で，ラリーコースはウガンダとタンザニアをふくめた3ヵ国にわたっていた。独立前はこれらの国は，イギリスの植民地として，共通の通貨をもち，ひとつの経済圏を形成していた。それが，1970年前後から3国の友好関係が崩れだし，タンザニアとケニアの国境が閉鎖されたり，ウガンダの政情不安が招来して，2ヵ国で行われることがあったりしたが，75年からはケニア一国だけのラリーとなり，東アフリカという名称が消え，単にサファリラリーと呼ばれるようになった。

大草原が多いケニアは，赤道直下のいかにもアフリカらしいところであるが，サファリラリーの特徴のひとつは，高低差が大きく，気温の差も案外大きいことである。海抜ゼロのモンバサから，ケニア山のまわりやエルドレット付近の3000メートルもある高地まで走る。このあたりは，朝晩はストーブがいるくらいまで気温が下がる。暑いところは気温が40℃を超えるのに対し，10℃以下になるところもある。赤道に近いエルドレットあたりのほうが実際は寒いのである。

路面の変化もすごい。とくに天候による影響は日本では考えられないものだ。強烈な雨が降ると，低いところはたちまちのうちに大きな水溜まりとなり，川となり，地形が変わってしまったのではないかと思えるほどで，一晩で地図にない湖が突然に姿を見せることさえあるのだ。

未舗装の道路はかたく締まった走りよいところもあるが，細かいパウダー状のホコリは，いつまでも宙に浮いていて，その後方を走ると視界がほとんど失われる。その舞い上がった細かいダストは，容赦なく室内に入り込み，目や口の中だけでなく，エンジンにも悪さをする。それが，雨になると，粘土のようになって，クルマはすぐにスタックしてしまう。泥がタイヤの溝に入り込み，フロアにまといつき，クルマ全体がこの泥ですっかり重くなってしまう。

道路は長年の雨で両端近くが削られてかまぼこ状になっており，大雨によって削られあちこちで凹凸のある悪路になっており，途中で道がなくなってしまうところもある。いつどこで，どんな動物に路上で遭遇するか予断を許さないのもこの地方ならではのことである。ダットサンチームの初挑戦の63年には派遣メンバーの中に診療所の医師が加えられていたのであった。

この遠征に最初から主要メンバーとして加わった難波が，まず驚いたのはオーストラリアとはまるで異なる状況だったことだ。土の色も赤から黒，黄色，灰色，茶色，白と変化し，それぞれに特徴があり，ツイスティな道路もある。とくに北部にあるホコリの堆積した灰色のコースでは，自分のクルマの舞い上げたホコリで，まったく視

第4章 海外ラリーへの挑戦

## サファリラリー42年の記録

| 回 | 年 | 月日 | 優勝クルー | 優勝車 | 2位 | 3位 | 走行距離 | 出走台数 | 完走台数 |
|---|---|---|---|---|---|---|---|---|---|
| 1 | 1953年 | 5月30日～6月1日 | (総合優勝なし) D.P マーブル/V.プレストン | フォルクスワーゲン | フォルクスワーゲン | スタンダードヴァンガード | 3,160km | 57台 | 16台 |
| 2 | 1954年 | 5月22日～5月24日 | D.P マーブル/V.プレストン | フォルクスワーゲン | フォルクスワーゲン | スタンダードヴァンガード | 3,160km | 50台 | 25台 |
| 3 | 1955年 | 5月21日～5月24日 | E.セシル/T.ヴィッカース | D.K.W | フィアット1100B | フォルクスワーゲン | 4,000km | 58台 | 27台 |
| 4 | 1956年 | 5月24日～5月27日 | G.ホブマン/A.バートン | フォルクスワーゲン | フォルクスワーゲン | フォードアングリア | 4,230km | 90台 | 76台 |
| 5 | 1957年 | 4月19日～4月22日 | (総合優勝なし) | | フォードゼファーII | アウトウニオン1000 | 5,250km | 64台 | 19台 |
| 6 | 1958年 | 4月4日～4月7日 | | | | フォードゼファー | 4,830km | 95台 | 54台 |
| 7 | 1959年 | 3月27日～3月30日 | メルセデス219 | メルセデス219 | フォードゼファー | フォードゼファー | 4,830km | 63台 | 30台 |
| 8 | 1960年 | 4月14日～4月18日 | B.フリッシュ/J.エリス | メルセデス219 | シトロエンID19 | フォードゼファー | 5,310km | 84台 | 38台 |
| 9 | 1961年 | 4月3日 | J.マニックス/B.コレリッジ | メルセデス220SE | メルセデス220SE | フォードゼファー | 5,320km | 77台 | 38台 |
| 10 | 1962年 | 4月19日～4月23日 | T.フジェスタット/B.ジェミッチ | フォルクスワーゲン | プジョー404 | サーブ96 | 4,980km | 104台 | 46台 |
| 11 | 1963年 | 4月8日～4月15日 | N.ノヴィッキー/P.クリフ | プジョー404 | フォードアングリア | フォルクスワーゲン | 4,990km | 84台 | 7台 |
| 12 | 1964年 | 3月26日～3月30日 | P.ヒューズ/B.ヤング | フォードコルチナGT | サーブ96 | フォードコルチナGT | 5,140km | 94台 | 21台 |
| 13 | 1965年 | 3月25日～3月27日 | J.ノヴィッキー/P.クリフ | ポルボPV544 | プジョー404 | フォードコルチナGT | 5,070km | 85台 | 16台 |
| 14 | 1966年 | 4月7日～4月11日 | B.ショャングランド/C.ロスウェル | プジョー404 | フォードコルチナGT | ボルボP132 | 4,902.5km | 88台 | 9台 |
| 15 | 1967年 | 3月23日～3月27日 | B.ショャングランド/C.ロスウェル | プジョー404 | フォードコルチナGT | フォードコルチナGT | 4,986.3km | 91台 | 49台 |
| 16 | 1968年 | 4月11日～4月15日 | N.ノヴィッキー/P.クリフ | プジョー404 | フォードコルチナGT | トライアンフ2000 | 4,947.6km | 93台 | 7台 |
| 17 | 1969年 | 4月3日～4月7日 | R.ヒューブ/J.エアード | フォードタウナス20M | ポルシェ911 | ダットサンP510 | 5,148.8km | 85台 | 31台 |
| 18 | 1970年 | 4月16日～4月19日 | E.ハーマン/H.シュラー | ダットサン1600SSS | ダットサン1600SSS | プジョー504 | 5,309.7km | 91台 | 31台 |
| 19 | 1971年 | 4月8日～4月12日 | E.ハーマン/H.シュラー | ダットサン240Z | ダットサン240Z | プジョー504 | 6,400km | 112台 | 32台 |
| 20 | 1972年 | 4月30日～4月3日 | H.ミッコラ/G.パルム | フォードエスコート | ポルシェ911S | フォードエスコート | 6,350km | 85台 | 18台 |
| 21 | 1973年 | 4月19日～4月23日 | S.メッタ/L.ドリュス | ダットサン240Z | ダットサン1800SSS | プジョー504 | 5,000km | 89台 | 16台 |
| 22 | 1974年 | 4月11日～4月15日 | ショャングランソン/D.ドイグ | 三菱ギャラン | ランチャストラトス | ランチャストラトス | 5,556.94km | 101台 | 16台 |
| 23 | 1975年 | 3月27日～3月31日 | O.アンダーソン/A.ハーツ | プジョー504 | ランチャストラトス | コルトランサー | 5,929.6km | 79台 | 17台 |
| 24 | 1976年 | 4月15日～4月19日 | ショャングランソン/D.ドイグ | コルトランサー | コルトランサー | コルトランサー | 4,950.12km | 64台 | 17台 |
| 25 | 1977年 | 4月7日～4月11日 | B.ワルデガルド/H.ソルツェニウス | フォードエスコート | ダットサンバイオレット | ダットサンストラトス | 6,033.8km | 61台 | 12台 |
| 26 | 1978年 | 3月23日～3月27日 | J.P コラン/J.C ルフェーブル | プジョー504 | ダットサン911SC | ダットサン160J | 5,001.3km | 70台 | 21台 |
| 27 | 1979年 | 4月12日～4月16日 | S.メッタ/M.ドティ | ダットサン160J | メルセデスベンツ450 | フィアットアバルト | 5,031km | 66台 | 24台 |
| 28 | 1980年 | 4月3日～4月7日 | S.メッタ/M.ドティ | ダットサン160J | ダットサン160J | メルセデスベンツ450 | 5,333.61km | 63台 | 21台 |
| 29 | 1981年 | 4月16日～4月20日 | S.メッタ/M.ドティ | ダットサン160J | ダットサン160J | ダットサン160J | 4,887.44km | 81台 | 21台 |
| 30 | 1982年 | 4月8日～4月12日 | S.メッタ/M.ドティ | ダットサン240Z | オペルアスコナ400 | オペルアスコナGT | 5,012.38km | 73台 | 22台 |
| 31 | 1983年 | 3月31日～4月4日 | A.バタネン/T.ハルマン | オペルアスコナ400 | アウディクアトロ | アウディクアトロ | 5,031.35km | 85台 | 20台 |
| 32 | 1984年 | 4月19日～4月23日 | B.ワルデガルド/H.ソルツェニウス | トヨタセリカTC | オペルマンタ | ニッサン240RS | 5,253.55km | 76台 | 16台 |
| 33 | 1985年 | 3月27日～4月1日 | J.カンクネン/F.ギャラハー | トヨタセリカTC | トヨタセリカTC | ニッサン240RS | 5,167.3km | 71台 | 14台 |
| 34 | 1986年 | 3月20日～3月23日 | B.ワルデガルド/F.ギャラハー | トヨタセリカTC | トヨタセリカTC | ランチャラリー | 4,213.9km | 69台 | 13台 |
| 35 | 1987年 | 4月16日～4月20日 | H.ミッコラ/A.ハーツ | アウディ200クアトロ | アウディ200クアトロ | トヨタスープラ | 4,011.3km | 53台 | 23台 |
| 36 | 1988年 | 4月4日～4月7日 | M.ビアソン/T.シビロ | ランチャデルタ | ニッサン200SX | ニッサン200SX | 4,211.45km | 54台 | 14台 |
| 37 | 1989年 | 3月23日～3月27日 | M.ビアソン/T.シビロ | ランチャデルタ | ニッサン200SX | VWゴルフGT16v | 4,539.8km | 57台 | 13台 |
| 38 | 1990年 | 4月4日～4月8日 | B.ワルデガルド/F.ギャラハー | ランチャデルタ | ランチャデルタ | トヨタセリカGT4 | 4,107.15km | 59台 | 10台 |
| 39 | 1991年 | 4月6日～4月6日 | J.カンクネン/J.ピロネン | ランチャインテグラーレ | ランチャインテグラーレ | ランチャインテグラーレ | 4,513km | 59台 | 10台 |
| 40 | 1992年 | 4月8日～4月12日 | C.サインツ/L.モヤ | トヨタセリカ4WD | ランチャインテグラーレ | ランチャインテグラーレ | 3,800km | 48台 | 21台 |
| 41 | 1993年 | 4月8日～4月12日 | J.カンクネン/J.ピロネン | トヨタセリカ4WD | トヨタセリカ4WD | トヨタセリカ4WD | 4,387.85km | 44台 | 10台 |
| 42 | 1994年 | 3月31日～4月3日 | I.ダンカン/D.ウィリアムソン | トヨタセリカ4WD | 三菱ランサー | トヨタセリカ4WD | 3,497.8km | 43台 | 14台 |

91

界が失われて，100メートルも行かないうちにエンジンがストップしてしまった。エアクリーナーがこのホコリで目詰まりを起こして，空気を吸い込まなくなったからである。この道路に乗り入れた瞬間は何が起こったのか理解できないほどだったという。もっていた新しいエレメントに交換して走り始めたものの，また100メートルほど走ったところでストップした。幸いにしてこの路面は500メートルほどで途切れていたので，エレメントの汚れを落としてなんとか脱出したものの，何ともすごいものだという印象だった。

## ■63年サファリラリーへの挑戦

　海外に輸出されるニッサン車は，ダットサンの名称が使われていたので，この遠征から，ダットサンチームと称することになった。出場車はブルーバードとセドリックで，それぞれに日本人ドライバーと現地のナビゲーターがコンビを組むことになった。当時ニッサンが生産する乗用車はこの2種類で，テスト走行の意味で複数の出場が必要で，各2台の計4台のチーム編成となった。

　モータースポーツの専門部署はなく，オーストラリアのときと同じように，実験，サービス，組立，検査部門などからドライブや整備のベテランが選抜され，プロジェクトチームがつくられた。団長は中近東アフリカ部の部付である前田薫で，ドライバーのキャプテンは安達教三であった。ドライバー4名のほか，サービス要員として5名，医師1名の計11名であった。

　出場車両はFIAのグループ1という改造範囲の狭いカテゴリーとし，ニッサン車の輸出を手がけている商社の情報や海外の出版物などの知識，オーストラリアラリーでの

63年サファリラリーのダットサンチームメンバーと出場車の記念撮影。

第 4 章 海外ラリーへの挑戦

船積みされるブルーバード310。2台の本番車とトレーニング用のスペアカー1台の計3台、それにセドリックが3台送られた。

経験をもとに準備された。日本では、ラリーチームの本拠地となっている神奈川県の追浜工場から大分県別府までのノンストップ走行の実施などの走行訓練が行われた。

ラリーカーには、スペアタイヤや交換可能なパーツ類と工具を積むことにし、サービス隊がいなくても、とりあえずは自力で走れる状態にした。一方、4WDのランドローバーを2台用意し、日本人メカニックによるサービス隊が編成された。ラリー車には発売されたばかりのスウェーデン製のスピードパイロットを装備することによって、指定時間やアベレージスピードの計算を手動でしなくてもすむことになった。

いうまでもないと思うが、このころの出場車両はすべて2WDで、エンジンの動力性能もあまり高くなく、もちろんインジェクションなどは装着されておらず、キャブレター仕様であった。ヨーロッパの進んだ機構の2000cc以上のクルマが多い中にあって、最初のサファリラリー挑戦のブルーバード310型は1189ccという小さいクルマで、最高出力は60psしかなかった。

サファリラリーの当時の状況は、成長期ともいうべき活況を呈していた。主催者が積極的に海外からの参加を呼び掛け、ヨーロッパからの参加が見られるようになった。ケニアの主催者は62年にはわざわざ日本にやってきて、各自動車メーカーをまわって出場するように要請した。これをあと押ししたのがケニアの日本領事館であった。こ

ナイロビ近郊のコースを走るブルーバード310。トレーニング中のスナップである。

うした要請に応えたのが、ニッサンと日野自動車である。
　日野はルノーの後継車であるコンテッサ900でダットサンチームと同じ63年と64年の2回出場したが、完走することができずにその挑戦をあきらめている。ちなみにトヨタでもこの要請に興味を示し、63年のラリー終了後モータースポーツの担当者がケニアを訪れ、実際にラリーコースを試走している。その結果、ラリーに出場するのはかなりな資金が必要であり、それよりもその資金を現地の販売網の整備に使うほうが賢明と思われるという意見書をまとめた。これが採用され、トヨタはサファリラリーにはその後しばらくは関心を示そうとしなかった。
　サファリラリーがヨーロッパでも注目されるようになったのは、62年からであろう。この年は主催者の熱心な勧誘によって、当時ラリーの有力チームであったスウェーデンのサーブチームがやってくることになった。出場ドライバーは当時のラリー界の第一人者ともいうべきエリック・カールソンと女性ラリーストとしてその名を馳せたパット・モスという豪華な顔ぶれであった。さらに、フィンランドの若手ドライバーであったラウノ・アルトーネンがメルセデスで出場している。彼らはラリーの途中までトップ争いに加わり、ラリーを大いに盛り上げたが、あと一歩のところで勝利を摑むことができず、サファリラリーのむずかしさを感じさせた。海外ドライバーが勝

第4章 海外ラリーへの挑戦

てるかというのが話題になるのはこの頃からのことである。

　ダットサンが初めて出場する63年は，サーブチームにとって2年目の挑戦で，優勝候補の筆頭に上げられていた。もちろん，ダットサンチームの目標は完走することであった。

　サファリラリーは，キリスト教の復活祭の日（イースター）にゴールすることになっている。この祝祭日は毎年決まっているわけではなく，春分の日から数えて最初の満月の次の日曜日となっているから，年によっては2,3週間ほどずれることになる。ケニアの乾季から雨季に変わるのがちょうど3月の終わり頃だから，ラリーの開かれる時期はこの境目にあたり，雨の多いウエットラリーとなるか，ドライラリーになるか微妙なところである。

　63年はもっとも遅い日程になっており，4月19日にスタートして23日にゴールするものであった。つまり，ウエットラリーになる公算がきわめて高かったわけで，事実ラリーは豪雨に見舞われることになった。事前にケニアにやってきて，いろいろな準備に忙しかったダットサンチームの面々は，雨が降るとコース状況が一変するとは聞いていたものの，それがどんなものであるかは，実際にラリーが始まってからたっぷりと味わわされることになった。

　難波とともにブルーバード310に乗って出場することになった若林隆は，日本では見られない大自然の中を走ることに強烈な印象を受けていた。やがて，サファリラリー

ナイロビ市内にあるダットサンチームのガレージ。ここが基地となってトレーニングが行われる。

のダットサンチームのマネージャーの地位を，70年代中盤に難波から受け継ぐのが若林である。58年のオーストラリアラリーの際は吉原工場でラリーカーをつくる仕事をしており，メカニックとして国内でのトレーニングに参加したが，今回はドライバーに選ばれて参加したのであった。

　日本では思っていたほど走行練習ができなかったので，若林はケニアに来てから走り込んだが，初歩的なクルマのトラブルに見舞われて焦りを感じていた。走り始めると，まず振動でボルトやナットがゆるみ，サスペンションアームやホイールがはずれたりする。ロックするためのピンをつけたり，ダブルナットにすることすらまだ知らなかったのだ。初めのうちは増し締めしながら走行を続けた。その練習中に現地のコドライバーがハンドルを握っていたときに，コーナーで道路わきの石の標識にあたって転倒するアクシデントを起こした。ムチ打ち症となった若林は，一週間ほど入院した。まだ若い彼は，元気にラリーに出場したが，本番前にクルマを壊してはまずいと，トレーニングは途中で打ち切られた。

　このトレーニングで若林が感じたのは，この1189ccの310ではラリーカーとしての絶対的なパワーが足りないことだった。ナイロビから北へいったところにだらだらと続くゆるい上り坂があるが，そこが各チームの手ごろな練習コースになっていた。ここで，ダットサンの最高速度はやっと110km/hだった。フォードやプジョーは130〜140km/hのスピードで軽く抜いていく。これではまったく勝負にならないという実感をもたざるをえなかった。しかし，310はタフなクルマであり，途中で壊れることはないから完走を果たすことはむずかしくないと思っていた。

　ところが，実際にはウエットになったラリーでは，スタックによる遅れでタイムアウトになってしまった。それでも若林のブルーバードと，キャプテンの安達教三の乗るセドリックの2台が，完走とは認められなかったが，ラリーの全コースを走り切った。

　この最初のラリーの戦いぶりを，主要メンバーの一人としてラリーに出場し，のちにダットサンチームの監督として采配を揮うことになる難波靖治の手記を引用して紹介することにしよう。

　『ラリーに出場する準備としては，国内で考えられること，知りえた情報をもとにして，一応完全に仕上げて，約1ヵ月の現地での練習期間をみていたのだったが，これがまったく短くてあっという間に過ぎて，練習どころではなかった。

　はじめてのアフリカということで，土地勘がつかめず，山岳路や平坦地での方向性，さらには土の変化による操縦性とスピード感の問題に加えて，まったく同じに見える枝道と，一見同じ景色のなかで，本当にゆっくり走らないと，どこにいくのか分からない始末であった。そのうえ，生まれてはじめての木や鳥，野性の動物などに気をと

第 4 章 海外ラリーへの挑戦

63年第11回サファリラリーのスタート。手を振ってスタートしていくのは難波靖治。

もう1台のブルーバード310をドライブするのは若林隆。元気にスタートする。

られて，ドライビングの練習どころか，コースも憶えられない状態で，気があせるばかりであった。

　それでも，本番までにはどうにかレンタカーでコースを一周することができ，出場車の慣らし運転も完了することができた。スピードパイロットの距離補正もやったが，オーストラリア一周ラリーのように誰もコースを事前に走らないラリーとは異なり，多くの人たちが練習しているのを横目でみて，わたしを含めて日本人ドライバーは，まったく自信をもつことができなかった。

　われわれは，オーストラリアの経験から，運転中に眠くなっても，薬をのんで目をさますのだけは危険であることを知り，スタートの日までに全員身体のコンディションを最良に整えることにした。

　国際ラリーのかたち通り，2分間隔のスタートである。わたしがスタート台に乗ると，スピーカーからドライバー紹介が英語とスワヒリ語でながれた。1958年のオーストラリアのラリーでクラス優勝した日本人だというアナウンスが耳に入り，気分よく手を振ってスタートした。それはよかったのだが，ナイロビの市街を出てスピード制限がなくなって，アクセルを踏み込んだところでメーターを見て，気がついたときは遅かった。スタートのときにわたしもナビゲーターも，あがっていたのかラリーメーターも時計も，指示に合わせていないことに気付いたのである。

　北まわりのウガンダの首都であるカンパラまでの第1ステージを夢中で走り続けたが，われわれにとって幸いなことに雨となり，泥沼のコースとなり，平均速度が落ちていたことだ。メーターで走行距離が正しく読めないので，不安が大きかったが，スタートしたばかりで落伍車が少なく，前を走るラリーカーの轍も残っていて道に迷うことはなかった。大きなトラブルもなく，カンパラに着いた。ダットサンチームの4台は，いずれもここまでは，真ん中より前の成績となっており，2台のセドリックとわたしのブルーバード310は，上位3分の1の中に食い込んでいた。

　この成績を見て，気をよくした。生意気にも上位入賞をねらえるかな，と心のすみで考えたのが悪かったのかもしれない。次のカンパラからナイロビに帰る第2ステージで，スピード違反をやってしまった。アフリカといえども，速度制限のある一般道路では，警察が目を光らせている。普通の日であればスピード違反の取り締まりなどやらないのに，ラリー期間になると，急に実施したらしい。わたしの場合は電話によるストップウォッチでの取り締まりで，日本でいう〝ねずみ取り〟だった。

　夜のことで測定終了地点で車両のゼッケンナンバーを見るために横からスポットライトを当てられたので，走っていて違反したことがわかった。何しろ交通違反1回につき50ポイントの減点であるから，それまでの減点にこれが加算されることになるので，がっくりであった。それと同時に，なんとか少しでも取り戻そうとする気持ちに

第4章 海外ラリーへの挑戦

若林/エスノフ組のブルーバード310。完走はならなかったが全コースを走破した。

なった。ドライバーというのは，ちょっとした気の持ちようで大きく左右されるものであることも，このときつくづく感じたものだった。

　ナイロビに戻るとラリーの半分を終了したことになるが，ここまでたどりついたのは，出走84台のうち47台であった。ナイロビで6時間の休憩があったが，作戦どころではない。人も車両も疲れ果てており，ただ眠いだけだった。この北まわりのコースでサービス隊に出合ったのは2回だけだった。サービス隊も道を探すのがやっとで，4WD車なので力はあるが，足が遅いのでまるで象みたいなものだった。後半の南まわりのコースでもサービス隊に会えるチャンスは少ないと考えざるをえなかった。

　ここまでで，1台のセドリックがオルタネーターのブラケットを折損したうえ，泥んこに足をとられてタイムオーバーとなり，ダットサンチームは3台になっていた。われわれが知っているサーブのカールソン組もパット・モス組も残っている。

　前半の北まわりのコースでは70％が雨でスピードも上がらなかったが，後半の南まわりも雨の予想であった。これからのほうが，全般的に道路は悪いし岩石は多いし，雨となると非常な悪条件となる。車両だけでなく，人間のほうもそうとう疲れており，前途が思いやられたが，そこは根性でカバーするよりなかった。

47台の車両は2分間隔で再び悪路に挑戦していく。ダットサンチームのサービス車はタイムアウトになったセドリックを加えて，ラリー車よりさきにナイロビを出発し，予定のサービスポイントに向かった。そのため，スタート地点にはマネージャーだけが姿を見せにきていた。

　スタート後3時間ほどで，われわれはサービス隊の車両を抜いてしまった。彼らは手を振り，帽子を振って車のなかから見送ってくれたが，われわれのクルーは最初に予定していたサービスを受けられない事実を知らされたわけである。

　その後，雨の中を悪戦苦闘しながら走り続けたが，いよいよこのラリーの最大の難関といわれるババティセクションにやってきた。ここは，夜を徹して走り，明け方前に通過することになった。ところが，ここですべてのヒューズがとび，車外も室内も真っ暗となった。日本の夜とは異なり，本当に真の闇である。その中でなんとか修理を終えて，テント張りのコントロールポイントにたどりついて，オフィシャルに「これまでに何台通過したか」と聞いた。「32台通ったよ。きみの車両が最後だと思うよ。このコントロールはあと12分で閉鎖することになっている」というのだ。そこで，気をとりなおして，コースを懸命に飛ばし始めた。なるほど後続車の気配は全然なかった。

　幸いにも雨は上がり，抜けるような青空が見えだしてきた。ホコリもたたず，走りよい条件であった。泥道を見つめてハンドルを握りしめる。タンザニアに向かう南まわりのコースは，動物の飛び出しがやけに多く気になった。隣りの席にいるナビゲーターも身体に力を入れているので，そっとメーターを見ると110km/hのところを針が指していた。このスピードを持続できれば，少しでも減点をカバーできると思うと，ついアクセルにのせている足に，これ以上踏めないところまで踏んでいるのに，さらに力が入ってしまう。

　そのとき，前方に数頭のシマウマが突然姿を現した。思わずブレーキを踏んだが，まったく足応えがなく，ペタンとブレーキペダルがトーボードに入りこむだけだった。あわててハンドルを切ってことなきをえたが，エンジンブレーキを使って減速し，サイドブレーキでどうにか止まることができた。点検してみると，ブレーキのマスターシリンダーにブレーキ液が入っていない。どこから漏れたのか調べてみると，驚いたことにリアブレーキの左右をつなぐパイプが穴だらけだった。このホースはリアアクスルの前を通してあったのだが，リアアクスルそのものもメッキでもしたようにピカピカに光っている。原因はすぐにわかった。フロントタイヤが跳ね飛ばした小さい石がリアアクスルに当たったためであった。小石によってパイプはちょうど虫食い状態という言葉がぴったりで，ブレーキ液は完全になくなっていた。

　そこからは，リアブレーキパイプをふさいで，フロントブレーキだけで再び走り続けることにした。大げさにいえば，命懸けであった。

第 4 章 海外ラリーへの挑戦

難波/プリチャード組のブルーバード310。前半は快調だったが，この後ウェットのコースでスタックして遅れてしまう。

　南まわりの中間点であるタンザニア（当時はタンガニーカ）の首都であるダルエスサラムのひとつ手前のコントロールは，市街の入り口のところにあった。そこに到着した時点でのわれわれの持ち時間はあと5分しかなかった。残りは約5kmで，町中の速度制限を守って走ると8分は必要である。違反を承知で必死に走ったが，メインコントロールのスタジアムに入ったときは2分遅れていた。スタジアムに集まっていた多くの観衆は，ラストに入ってきたということもあったろうが，拍手で迎えてくれた。このコントロールに入った29台目の車両であった。たった2分とはいえ，競技のルールによって，タイムアウトとなり，これでわれわれのチャレンジは終わったが，まだ2台のダットサンが残っていた。しかし，これらも，ダルエスサラムからナイロビに向かう最後のステージで，最悪となったコンディションで，泥に足をとられ，次々にタイムアウトとなり，完走を果たすことができなかった。

　別ルートをまわってゴールのナイロビについて，最終結果を聞いて驚いた。完走はたったの7台であった。しかもそのいずれもが，2000cc以上の車両ばかりであった。われわれは，この最初の挑戦で完走できなかったが，技術的にも，ラリーの作戦という面でもいろいろと学ぶことができたのだった』

　何年かに一度訪れるサファリラリーの名物ともいえる苛酷なウェットラリーにダットサンチームは，最初から遭遇し，手酷い洗礼を受けたのだった。この年のラリーの完走率の低さもきわだっていた。

ダットサンチームの第1目標は完走することにあったが，その最初の壁を突破することができなかった。その先のクラス優勝への壁，さらには総合優勝へのチャレンジは，はるか遠い目標であった。

　このサファリラリーへの最初の挑戦を終えてチームが日本に帰った直後の63年5月に，完成されたばかりの鈴鹿サーキットで第1回日本グランプリレースが開催された。この開催によって，わが国のモータースポーツ熱は一挙に高まり，どのメーカーもこれを無視することができず，レースへの対応を迫られた。さらに，高速道路の建設にともない，日本でも本格的に高速走行の時代に突入しようとしており，また輸出のことを考えれば，高速走行時の安定性とさらなる高性能をめざすことは，メーカーにとってきわめて緊急な課題であった。

　こうした背景のもとにニッサンでも高速車両実験を中心とした課が新設され，その課長に難波靖治が就任することになった。話題となる日本グランプリレースにチャレンジすることもこの課の重要な任務であったが，難波たちの目はサファリラリーをはじめとする世界のラリーの方に大きく向けられていた。

## ■64年のサファリラリー挑戦

　翌64年は全社的な規模でプロジェクトチームが編成され，本番用と練習用にブルーバードとセドリックが各6台ずつとサービスカーとして2台のジープが現地に送られた。モータースポーツ活動を行う組織がつくられたことによって，イベントへの取り組みが組織的になり，参加する体制も初年度とは異なった。

　コースをよく知る現地のドライバーと契約することにし，日本人ドライバーはテストの意味がある場合だけ起用することになったのが，もっとも大きな違いである。天候が変わるとコース状況ががらりと変わるのが特徴のこのラリーに，現地のドライバーならすぐに対応できるという有利さに着目したのである。メカニックは少数精鋭で鍛えていくことになり，サービス体制も整備された。

　ダットサンも310型から410型にモデルチェンジされた。ボディはモノコックとなり，車体も低くなり，走行性能が向上し戦闘力は上がった。搭載されるエンジンそのものは変わらなかったが，チューニングアップの第1歩ともいうべき吸気ポートの研磨によって，前年のエンジンより5psパワーアップされ65psとなった。これによって最高速度も120km/hから130km/hになっている。

　前年の経験を生かしてラリーカーに改良が加えられた。天気になると太陽光線が眩しいので，ボンネットやフェンダーなどの目に入る部分を艶消しの黒にしたのをはじめ，ハンドルのスポークやメーターの枠部分や針のセンター部分まで眩しくないように塗装された。また，ブレーキパイプの破損という重大なトラブルがないように配

第 4 章 海外ラリーへの挑戦

64年サファリ仕様のブルーバード410。エンジンそのものは同じだが5ps出力が上げられた。

リアシートは取り払われ、すぐ作業できるように工具類がとりつけられ、これにスペアタイヤや部品が積み込まれる。

ブルーバード410とセドリックG31各3台が本番車,それに2台のニッサンパトロールがサービスカーとして用意された。

現地でのダットサンチームのミーティング。サービスポイントやサービスカーの移動の仕方など,綿密に作戦が立てられる。

第 4 章 海外ラリーへの挑戦

64年サファリラリーでは，若林隆だけがブルーバード410で日本人ドライバーとして参加した。

スタートするロッセンロッド/フィリップス組のブルーバード410。

同じくロッセンロッド/フィリップス組のブルーバード410。前半は順調だったがウェットコースで大量減点をくってリタイアした。

管はリアアクスルの後方を通すことにし、ブレーキドラムに砂や泥が入りにくいように対策された。フロントサスペンションからエンジンまで覆うアンダーガードも取り付けられた。

　ホコリが車内に入るのを防ぐために、ウインドガラスのウェザーストリップの外側に薄いラバーを貼ったが、それでも室内にホコリが流入するのを完全に防ぐことはできなかった。そこで、流入したホコリを吸い出すためにベンチレーションのために開けられているリアピラーの吸い出し口を大きくした。こうした対策は現地で、パウダー状のホコリの舞い上がるコースを2台で走ってテストした。

　エアダクトからのホコリの流入に対しては、ダクトの向きを横にしたり後方にしたりしてテストを繰り返し、その向きを決定した。こうしたホコリは水の浸入と同じ現象と考えるとわかりやすい。後年では常識になっていることも実際に経験しないと身につかないのである。

　セドリックはマイナーチェンジされたばかりで、同じような対策が施されていたのはいうまでもない。大きくてもタフなクルマであるとして、期待がもたれたのである。この年はセドリックの1台が20位ながら完走を果たし、ダットサンチームの最初の目標を達成している。しかし、フォードコルチナをはじめとしてプジョーやサーブといったワークスチームとの実力の違いはまだ大きかった。フォードチームはイギリスか

第4章 海外ラリーへの挑戦

若林/エスノフ組のブルーバード410。マッドコースで足をとられて完走できなかった。

らエンジニアとメカニックを送り込み，現地のディーラーのスタッフを動員して強力なサービス体制を敷き，難波たちを感心させた。

2年目ということもあって現地に知り合いもでき，ダットサンチームへの関心も強くなってきており，初挑戦の前年よりはスムーズに現地に溶け込めるようになっていた。メルセデスベンツのディーラーとしてケニアで知られたD. T. ドビー社がダットサン車の販売に興味を示し，ベンツと一緒に販売する契約交渉が行われることになり，ニッサンもケニアに拠点をもつことができるようになっていく。

前年に続いてこの年は唯一の日本人ドライバーとなった若林隆は，ブルーバード410のハンドルを握ったが，310よりはコーナリング性能は上がっているもののエンジンパワーの向上が感じられず，マキシマムスピードがほとんど上がっていないことが不満だった。トレーニング中からフォードやプジョーのスピードにまったく付いていけず，その差が歴然としていた。その焦りもあり，ウエットとなったラリーでは，勢いよく水溜まりに飛び込んでスタックしたりで，大幅な減点を受けタイムアウトとなった。2年目で，多少現地のことがわかるようになり，気負いすぎて失敗したと若林は反省している。

ダットサンチームは，当初の予定ではブルーバードとセドリックともに3台ずつの出場の予定であったが，トレーニング用にもっていった各3台のうちブルーバード1

107

台とセドリック2台が現地のドライバーの強い要請で急遽エントリーすることになり，9台という大量出場となった。サファリラリーに出場できることは，現地の人たちにとって，この上ない名誉であり楽しみなのである。

　ダットサンチームの9台は最初のステージは1台の脱落もなく走り切って期待されたが，大雨で橋が流された地点で遅れるという不運もあって，ジープス/アレクサンダーのセドリックのみがブービー賞ながら完走した。当時はスタート順を決めるゼッケンは，抽選によっており，たぶんに運が左右した。出走は94台で，完走は21台であった。

　この年は，アメリカフォードが10台のコメットでチャレンジして話題となった。ルマン24時間レースにフォードGT40で参戦したときと同じように物量作戦で臨んで驚かせたが，2台がラスト近くの順位でゴールするのがやっとで，サファリラリーのむずかしさをたっぷりと味わったためか，彼らの参戦はこの年だけのものとなった。

## ■規模を縮小した65・66年の挑戦

　ここで，ダットサンチームのサファリラリーチャレンジは早くも曲がり角を迎えることになる。64年の東京オリンピックに沸いたのもつかの間，その直後に不況となり，お金のかかる海外ラリーへの参加にイエローランプがついたのである。モータースポーツというのは，それなりの意義は認められてはいても，一朝ことあればいつでも中止される運命にあるもののようだ。

　このチャレンジも2年で中断されそうになったが，関係者の強い要望と首脳陣への説得で，規模を縮小して続けられることになった。アフリカへの輸出を担当する商社では，せっかくダットサンの名前が知られるようになり始めたところで中断するのは

規模が縮小された65年サファリラリーへの挑戦では，3台のブルーバード410が送られた。

第4章 海外ラリーへの挑戦

ダットサン410SSのコックピット。エンジンは70psとなり、ラリーカーとして性能向上がみられた。

ダットサン410の後部に装備された工具類。前年までの経験が生かされ、さらに使いやすく工夫されているのがわかる。

日本から派遣されたのは2名のみ。現地でラリー車の整備をする2人。右側が早津美春。

出場するドライバーの友人たちも応援にかけつけて整備する。

　その拠点を失うことになりかねないという見解を示し，現地のドライバーからダットサンで出場したいので，そのためのサポートを頼みたいという要請があった。それに応えるためにもチャレンジするべきだという主張が通ったのである。

　日本から派遣されたのはマネージャーとエンジニアのわずか2名であった。出場は前年のグランプリレースのためにグレードアップが図られたSS仕様のブルーバード410の2台が予定され，練習車2台とともにケニアに送られた。

　このときのエンジニアが後年モータージャーナリストとして活躍する早津美春である。メカニックが派遣されないので，クルマが修理できることが条件となり選ばれたもので，サファリラリーはこれが初めてであった。その前の2回のラリーから帰国した人たちから，とにかくすごいラリーだと聞かされていたが，じっくりとそれを見届けて，ライバルに勝つ方法を探るつもりだった。

　彼が目をつけたのはフォルクスワーゲンであった。ブルーバードと同じクラスに属し，かつてはこのラリーを制覇した経験をもち，サービス体制も整っていたからだ。これに勝つことはクラス優勝することを意味しており，当面のライバルといってよかった。むこうはいくら経験豊富とはいえ空冷のエンジンで，20年以上前に設計されたクルマで，そんなに大きな性能差があるとは思えなかった。

　早津は，ラリーの始まる3ヵ月ほど前にケニア入りして，実際に前年のコースを走ってみた。そこでのラリー中のワーゲンのタイムと比較検討してみて，ダットサンがそう劣っているとは思えず，互角の勝負ができそうな感じがしたという。410はSU2連キャブレターを付け70psとなっており，サスペンションも少しは強化されていた。

第4章 海外ラリーへの挑戦

65年のサファリラリーのナイロビのコンファレンスセンター前をスタートしていくエアード/パーソン組のダットサン410。

ラリーはプライベート出場のものも含めて、3台のブルーバード410が走ったが、いずれも完走できなかった。1台はドライビングミスによるコースアウトで転倒し、もう1台はジャンピングスポットの着地でオイルパンを痛めてリタイアした。

残る1台も、ウェットラリーとなったために泥道でスタックして遅れてタイムオーバーで失格してしまった。早津が本命とみていたエアードのドライブする410である。スタート順が遅かったが、ワーゲンにあまり遅れることなく後半を迎えて期待がもたれたのだが、タンザニアのウェットコースで足をとられてしまったのである。

グレーの色をした道路はケニアでは見られないものすごい粘着性の土質で、雨が降っている最中よりも天気がよくなって乾き始めた状態になると、粘着性がさらに強くなった。この中を走ることになったエアードの410は、その泥がタイヤにまとわりつき、ホイールハウスにつまった泥でタイヤがロックして、ついにはエンジンがストールしてしまうのだ。驚きながらも、早津はスペアタイヤに交換をしてフェンダー内にたまった泥を取り除いて再スタートをきるが、10メートルも進まないうちにまた同じ状態になりストップする。しかたなく先ほどはずしたタイヤの泥を落としてそれと交換するが、また同じことになる。

こんなことの繰り返しで1マイル進むのに4時間もかかる始末だった。そのあげく、ついにタイムアウトで失格となった。ワーゲンはスタート順が早く、まだコースコン

エアード/パーソン組はよくがんばって完走をめざしたが，タンザニアのコースに入ってから遅れてタイムオーバーとなった。

ディションが悪化する前にここを通過したようだった。ワーゲンはRR機構のクルマなので，フロアがフラットになっていて比較的スタックには有利であった。

　65年のラリーから帰った早津は，ワーゲンに勝つためにどうしたらよいか具体的な提案をした。まず，10psほど動力性能を上げ，同時にそれに見合ったパワートレインにし，シャシー性能を向上させることがその眼目であった。ちょうど日本のレースのためにパワーアップされたSS仕様がつくられており，これをベースにしてサファリラリーに合わせた特性のエンジンにすることになった。

　問題は，海抜ゼロ地帯から標高3000メートルのコースに合わせたキャブレターのセッティングだった。このために気圧の低いところでどのようなパワーダウンがあるか，乗鞍や富士5合目でテストを繰り返した。サスペンションもダート走行をしてその仕様を決めていった。

　4回目となる66年の挑戦の規模は，3台の車両と2名のメンバーの派遣で，前年とあまり変わらないものであった。実験部長の笠原剛造と早津のふたりが派遣されることになった。予定の性能向上が見られればクラス優勝はできると主張した手前，早津はその責任を取るためにもケニアに行くことになった。

　ラリー出場のための予算は厳しく，サービス体制をスムーズに組むためには日本か

第4章 海外ラリーへの挑戦

66年サファリラリーにはダットサンチームから4台が出場。ナイロビをスタートするグリンリー/ダンク組のブルーバード410。

らは4, 5人の人員が必要であると，早津はかけあったが，またしてもマネージャー以外には彼ひとりだけだった。

　富士スピードウエイでの日本グランプリレースが目前に迫り，それに追われていた難波は，クラス優勝を目標に頑張ってこいと早津たちを送り出したが，正直なところ，その達成はむずかしいだろうと思っていた。

　しかし，早津はケニアで事前にコースを走って自信を深めていた。10psのアップは確実に最高速度を高めることに貢献しており，ワーゲンよりも早いタイムで走ることができた。早津が走ってのタイムであるから，ラリードライバーが走ればその差はさらに大きくなるはずだった。

　現地に入ってからディーラーの要請を受け入れて，ダットサンチームとしてのエントリーは4台になったが，実際にはグリンリーとエアードの2台が本命だった。サービスもこの2台に集中してやることになる。抽選によるスタート順では，グリンリーが6番という若い番号を引き，ツキもあるように思えた。エアードは48番で，このふ

113

スタート順は抽選によって決められるが、グリンリー/ダンク組は6番という好順位でスタートした。

66年もウェットラリーとなり、川となったコースを走る場面がみられた。これはラリー中の現地の新聞に載ったブルーバード410。

第 4 章 海外ラリーへの挑戦

スタート順のよかったグリンリー/ダンク組のブルーバード410は，大きく遅れることなく順調に走り続けた。

タイムアウトとなるクルマが続出，66年は完走がわずか9台であった。

グリンリー/ダンク組のブルーバード410は完走して総合で5位,クラス優勝を果たした。

たりのスタート順の違いが,結局はその成績を左右することになった。

　グリンリーもエアードもケニアで行われているシリーズラリーで活躍しているドライバーで,トップクラスとはいえないまでも,かなりな実績をもっていた。グリンリーはナイロビ在住のクルマのセールスマンで,やがてD. T. ドビーでダットサンを売るようになる。速いがミスをおかす可能性があるので,リタイアの不安があった。エアードの方はナクールで農園を営んでおり,着実な走りを見せてしばしば地元のラリーで上位入賞を果たしている。

　はっきりとした目標をもって臨むので,サービス体制も万全を期したかった。しかし,笠原団長は本部につめて全体を見通し,いざというときの連絡もしなくてはならない。そうなると,早津はひとりで重要なサービスをやらなくてはならないことになる。そこで,ガソリンなどの補給を中心とするサービスは,地元の人たちに頼み,重要な部品交換を予定するポイントを選んでまわることになった。少ない予算なので,サービス要員は出場ドライバーの友人などボランティア参加の人たちに多く頼ることになった。

　前年に続いてウエットラリーとなった。しかし,前年ひどい目にあったタンザニアのコースはカットされており,スタート順のいいグリンリーは快調に走った。タンザニアのウサンブラ山系の屈曲路にある川は増水して,クルマが渡るときにはウインドガラスの半分まで水がくるほどだったが,グリンリーのダットサンはここをトップで

第4章 海外ラリーへの挑戦

渡った。ちなみにケニアやタンザニアの川には橋が架けられているところもあるが，川底にコンクリートが打ってあってそこを渡るようになっているところが多い。これなら増水しても橋が流されることがなく経済的であるからだ。

この年，ダットサンチームで問題だったのは，グリンリーのクルマのスタビライザーのブラケットが飛んでしまったことだった。"ボイス・オブ・ケニア"というラジオ放送はラリー開催中はずっとラリーの実況中継をしている。サービスカーで走っている早津にとってもこれは貴重な情報源で，サービスカーを走らせながらこの放送を聞いて，グリンリーが操縦性が悪くなったまま走っていることを知ったのである。すぐ本部の笠原と連絡をとり，サービスに向かうことになった。タンザニアにいた早津は，ラリーカーをつかまえるためには1700km走ってウガンダまでいく必要があった。すっ飛んでいった早津は，自分のクルマのスタビライザーブラケットを外して取り付けた。

区間タイムではエアードのほうが勝っていることがあったが，スタート順のよいグリンリーは減点が少なくエアードを上まわる成績であった。コースがウエットで飛ばすことができず慎重に走ったためか，グリンリーは大量の減点を喰うミスもなくゴールした。エアードもこれに続いた。ワーゲンは脱落し，完走は9台だけだった。5位

66年サファリラリーで初のクラス優勝を果たしたブルーバード410は急遽日本に空輸された。

117

66年サファリラリーでクラス優勝し，出場ドライバーを招き東京本社前からパレードが行われた。

となったグリンリーはクラス優勝であった。エアードは6位で，結果として早津が考えたとおりの成績であった。

　この5日間での早津の睡眠時間の合計は3時間ほどであった。文字どおり不眠不休でサービスにあたったのである。ゴールしたのを確認した早津はくたくたになって，ホテルのベッドに倒れこんだ。しかし，これで休むことはできなかった。上位入賞したクルマは再車検があり，その分解はチームがやることになっている。予定ではD.T.ドビーのメカニックが担当することになっていたが，イースター休暇のためか，ダットサンが再車検の対象になるほどの成績を上げるはずがないと思ったためか，彼らが姿を現さず，ゴール地点にいた笠原がひとりで分解し始めたものの，途中で早津を呼び出したのであった。ふらふらになりながらクルマを分解し車検に立ち合った早津は，このときばかりは目的を達した喜びよりもただベッドで横になりたいという気持ちだけだったという。

　この年の記録が，このラリーでマネジャーをつとめたニッサンの走行実験部長で，モータースポーツを統括していた笠原剛造の筆で『栄光の5000キロ』という本となり，大いに話題となった。

　日本側の喜びはたいへんなものだった。羽田に着いたふたりはオープンカーに乗せられて本社までのパレードが行われた。もちろん，このクラス優勝は宣伝に使われ，

第 4 章 海外ラリーへの挑戦

華々しくキャンペーンが行われた。

　この成果で，サファリラリーへの取り組みは，これまでよりも予算をとって体制も強化されることになった。しかし，ブルーバード410での挑戦は打ち切られ，次の2年間はセドリックがダットサンチームのラリーカーとなる。410では十分に成果を挙げたからという理由のほか，モデルチェンジが近づいていたからでもあった。

## ■セドリックでの67・68年の挑戦

　ここで，簡単に510にいたる前のダットサンチームのチャレンジについて触れておこう。セドリックは410に負けず劣らずタフなクルマであった。2000cc 6気筒エンジンを搭載しているので，パワーやトルクがあり，最高速は高かった。しかし，ブルーバードに比較して，寸法が大きく車両重量も重いので，運動性能を上げるには軽量化は大きな問題であった。

　このラリーカー開発の過程で，エンジニアたちは改めて車両のバランスの大切さを学んでいった。初めのうちは，ボディやメンバーなどにクラックが入ると，それを補強することをまず考えて対策したが，そうするとクルマはどんどん重くなってしまう。サスペンションの柔軟性を確保し，応力の集中を防ぎながらシャシー性能の向上を図

67年は日本からセドリック3台が本番車として送り出された。②ハーマン/エルバス組，⑩グリンリー/バース組，⑭エアード/ヒリア組である。これに現地で2台が追加され，チーム登録は5台となった。

119

ダットサンチーム中で本命とみられたエアード/ヒリア組のセドリックは総合17位となった。

カードウェル夫妻の乗るセドリックH130のサービス。完走して総合21位となった。

らないと、すぐれたラリーカーにはならないことがわかってきたのである。
　67年は2台のプライベートカーをふくめて5台がダットサンチームからのエントリーとなり、総合で17, 20, 21位と3台が完走した。この年は久しぶりにドライサファリとなり、91台出走して49台が完走し、近年にない高い完走率となった。
　エアードのセドリックは前半は上位につけ、ダットサンチームが実力を身につけつ

第 4 章 海外ラリーへの挑戦

グリンリー/バース組のセドリックH130のサービス。彼らは前半は快調だったが、トラブルが出てリタイアした。

つあることをアピールしたが、シフトリンケージのトラブルで大きく遅れてしまった。生産車に近い仕様で出場することにしているので、セドリックは当時はまだコラムシフトであった。そのために苛酷なシフト操作に耐えきれなかったものだが、そのサービスはエンジンを降ろしての作業となったので、タイムロスは大きかった。

続く68年には、セドリックはフロアシフトに改良されたが、それでもダイレクトではなく、ミッションに近いフロアにシフト機構が移されたために部品点数が少なくなり、その分信頼性が増したものであった。シフトパターンは普通のH型ではなく、変速的なパターンであった。

この年に65年にボルボPV544で総合優勝しているケニアのトップドライバーのジョギンダー・シンからダットサンに乗りたいという申し出があり、渡りに船でその出場が決定した。ケニアのラリーチャンピオンでもあるシンは、ラリーカーのノウハウをもっており、それがダットサンチームにも取り入れられた。シンがダットサンチームに入るつもりになったのは、67年のセドリックの走りを見て、これだけのポテンシャルがあるのなら、自分が乗ればトップ争いに加わることが可能だという判断をしたからだという。

実は65年のラリーのあと、早津は優勝したシンのボルボに乗せてもらっていた。ど

121

68年もセドリックH130が主力のダットサンチームに、地元のトップドライバーであるメカに強いジョギンダー・シンが加わった。

68年ラリーのスタートを切るカードウェル/デービス組のセドリックH130。女性クルーで総合7位となり、レディスカップを獲得した。

第 4 章 海外ラリーへの挑戦

セドリックH130は前年より10psアップして135psとなり、LSDも付けられていた。

シン/スミス組のセドリックH130は快調に走り、総合で5位に入賞した。

68年ラリーの表彰式を終えてチームの記念撮影。立っているのが、左から難波、その隣りの2人がレディスカップのデービスとカードウェル、シン、スミス、若林である。

んなクルマか興味をもっていたので、プライベート参加であるシンから見せてもらおうと彼の工場をたずねたのである。ナイロビの中心街で"シンバモーター"という整備工場を経営していたシンは、ケニアではもっとも人気のあるドライバーであった。早津の申し出に快く応じたシンは、早津を脇に乗せてラリーコースを走ってみせてくれた。2000rpmから7000rpmまでなめらかに吹き上がる太いトルクがあり、これこそがラリーで勝つために必要なのものだとシンは語ったのだった。

　ダットサンチームの実力は上がってきていた。68年のラリーでは期待されたとおり、ラリーが始まると前半ではシンのセドリックは上位をキープし、あわよくば優勝も狙えそうな位置につけていた。しかし、次第にオーバーヒート状態が深刻になっていき、シンの乗るセドリックはメタルが焼き付いてしまった。それでもダットサンチームは諦めることなく、エンジンを屋外で降ろして分解し、修理してラリーに復帰させた。その結果、シンは完走し5位に入賞したのである。スタート前に豪雨となり、ラリーは荒れ模様のなかで行われ、完走はわずか7台であった。

　ダットサンチームのクルマはいずれもオーバーヒートに悩まされ、次々とリタイアしてしまっていた。実は、この年に取り付けられたアンダーガードの形状にその原因があった。アンダーガードの先端部分から泥が入り込んで、エンジンの熱でカラカラに乾いて煉瓦のようになり、冷却できなくなったためであった。

　この年のラリーには、ダットサンチームから1台のブルーバード510がエントリーした。翌年のラリーに備えての先行テストの意味合いからの出場で、まったくのノーマルのままのクルマであった。これについては、章を改めて触れることにしよう。

# 第5章　510によるサファリ初制覇

■68年, ブルーバード510の登場

　68年のダットサンチームの主力車種はセドリックだったが, それにまじって出場したノーマルのブルーバード510SSSをドライブすることになった若林隆は, 63, 64年と続けてこのサファリラリーにドライバーとして出場しており, 4年ぶりにラリーカーのハンドルを握ることになった。日本にいるときからこの510のコーナリングのよさや軽快な走りに, 若林は期待をもっていたが, ケニアにやってきてのトレーニング走行で, ますますその期待がふくらんでいた。

　かつての310や410のときとは違って, 走行中に他のラリーカーに抜かれることがまったくなかった。かつてはコルチナやプジョーといったワークスカーだけでなく, 有力なプライベートカーにもスピードの違いを見せつけられたものだったが, 510ではこちらが抜くことはあっても, その逆はないのだ。さらに, ウエット性能が410に比較して数段よくなっているのが確認できたのも心強いことであった。雨によって泥んことなった道路でも, 登り坂でなければスタックすることなく走り続けることができるのは410と大きな違いだった。

　若林と増田勇夫が組んで日本人が出場することになったのは, ノーマルカーによってそのポテンシャルを見るためであり, ラリー仕様のパーツを開発するためのテストの意味があった。しかし, トレーニング中のポテンシャルの高さに, そのままでも十分にいけるという感触を摑んだ若林は, 勝負を賭けてみることにした。

68年ノーマルのブルーバード510が出場。スタート前に難波マネージャーが声をかける。

　サービスは主力となるセドリックを中心に行われるため，この510はあまりそれをあてにできないという事情があったにもかかわらず，ラリーを走るにあたって，スペアパーツなどはほとんど積み込まず，水とオイルと工具，それにアクセルワイヤーを積むだけにした。このクルマの長所ともいうべき軽量さを損なわないようにするためである。ラリーカーとしての装備を入れても，車両重量で1000kgを切る軽さであった。
　初めのうちは快調であった。60番目のスタートであったが，第1ステージの終了地点のウガンダの首都カンパラに着いたときは13番目に上がっていた。途中でラリーカーをごぼう抜きして周囲の人たちを驚かせたという。この年の主力であるセドリックの方も好調で，ダットサンチームの意気は上がっていた。
　しかし，この510は予期せぬアクシデントでタイムアウトとなり，完走できなかった。途中で住民がいたずら半分に投げた石がウインドスクリーンに当たり，その石でナビゲーターの増田が肩に怪我を負ってしまったのだ。ラリーを続行したもののウェットとなった北まわりのコースの帰路で，スタックしても負傷した増田はクルマを押すことができず，それ以上の無理をしないことにしたのだった。このアクシデントさえなければ上位入賞は間違いなかったのにと，若林は後年までこれを思い出すと残念な気持ちがしていたという。
　しかし，510のポテンシャルの高さを十分に確認できたという収穫があった。リタイ

第5章 510によるサファリ初制覇

若林隆/増田勇夫のブルーバード510がスタート。

アした510は，その後はサービスカーとしてサファリラリーのコースを元気よく走りまわり，十分に走行距離を稼ぎ，その役目を果たした。

ブルーバード510のラリー仕様の開発は，まずこの68年のテストカーの分解による解析から始められた。クラックが入っているところはないか，変形している箇所はないか，入念にチェックされた。その結果，リアの足まわりではロアアームの付け根部分のサスペンションメンバーにストレスでクラックが入り，デフのマウント部もその重さでゆられることによってメンバーに亀裂が入っていた。フロントではストラットがリンクの役目も果たしているので，構造的にストレスがかかることになり，ストラットのピンロッドが曲がったりしていた。こうした弱いところを洗い出し，その対策部品の設計が行われ，補強したクルマでテストすることになる。

それなりのポテンシャルを示したセドリックに多少の未練を残しながらも，69年のサファリの主役は510に変わった。

510は四輪独立懸架となったことで，可動部分の部品点数が多くなっているから，それらの信頼性を確保することが必要であった。それに，市販車でもキャンバー変化が大きいためにタイヤの偏磨耗が指摘されており，タイヤの接地性を高め，ラリー用のシャシーチューニングに関しては，多くの課題をかかえていた。

サスペンションジオメトリーをどうするか，もっともタイヤの接地性を高める組み

127

68年第一ステージは快調だった若林/増田組のブルーバード510。しかし,思わぬアクシデントがあり,完走できなかった。

合わせを見つけるためには走り込むしかなかった。同時に応力が集中しないように注意して,耐久信頼性を確保する必要がある。

　走行性能を向上させるためのテストは,これまでとは比較にならないほど多く行われた。折りしも,浅間山麓にある運輸省所有のダートのテストコースが開放され,そこがテストの主舞台となった。火山灰でできたすべりやすい土質の浅間サーキットは,ラリーカーの開発に適したコースだった。初めのうちは社員ドライバーがテスト車のハンドルを握っていたが,次第に契約しているレーシングドライバーが高速走行テストをするようになり,いろいろな角度から検討が加えられるようになった。

　この頃から日本でもラジアルタイヤの開発が本格的に行われるようになり,テストされた。サスペンションジオメトリーもこれとの兼ね合いで,性能向上が図られた。ラジアルタイヤはサイドウォールがやわらかく,クルマに対する衝撃を小さくすることができるので,その分サスペンションスプリングをかたくして,操縦性の向上に振り向けることが可能となった。このタイヤは,市販されているスノーラジアルの仕様を変えたもので,ダート用のスペシャルとして日本ダンロップがダットサンチームと共同で開発したものである。

　いまから見ると雪道での走行をスムーズにするために水捌けを第一にしてトレッドパターンの溝は狭く,泥の上ではすぐに溝が埋まってしまってグリップを確保するこ

とができなくなるように思えるが、この時点ではまだダンロップの技術者がサファリラリーには参加しておらず、ニッサンのエンジニアなどからの情報をもとに手探りで開発している状況であった。それでも、ラジアルタイヤにすることによって、トラクションが上がり、足まわりの性能向上は一段と進んだ。この段階では道路状態にマッチしたトレッドパターンにすることまで考えが及ばず、高速で走行したときのタイヤのゴムの発熱をどう抑えるかで苦労していた。

エンジンのチューニングに関しては、OHCになったことによって性能向上が図りやすくなった。以前は10ps上げるためにはたいへんな努力が必要であったが、この時点では、単にパワーアップを図るだけでなく、どういう特性のエンジンにするかが重要な検討材料になってきていた。たとえば、ドライになればスピードが上がるので多少ピーキーなエンジンになってもパワーを優先した方が有利である。しかし、ウエットになるとトルクバンドの広いエンジン特性の方が戦闘力のあるクルマになる。その兼ね合いをどうとるかが問題であった。69年はどちらにも対応できるように中庸のところが選択された。

## ■チーム優勝を飾った69年サファリラリー

69年は、こうして仕上げられたブルーバード510の1600SSSが4台エントリーされ、

モンバサ港に着いた69年サファリ用のブルーバード510。

ダットサンチームのガレージの裏庭での日本人サービスメンバーの記念撮影。

　もう1台のプライベート参加の510とともに5台でチームが組まれた。ダットサンチームが，初めて総合優勝を意識してラリーに臨んだ年である。優勝を狙う有力チームからもライバルとして意識されるようになり，注目度も格段に上がってきていた。
　ラリー前にこの510のハンドルを握ったドライバーたちは，これまでのニッサン車とまるで異なるポテンシャルの高さに喜ばないものはいなかった。その乗りやすさとコーナリング性能のよさに驚きを示した。
　ダットサンがチーム登録したドライバーは，シモニアン，グリンリー，サンダース，ディン，それに急遽チームに加わることになったハーマン／シュラー組である。このふたりはポルシェでエントリーしていたのだが，ドイツのストライキでクルマが間に合わなくなり，67年にハーマンがダットサンチームに加わったよしみで，510のトレーニングカーで出場することになったのである。エントリー後車両変更したためにスタート位置は最後尾からとなり，ゼッケンは90番となった。
　ハーマンはナイロビでホテルを経営しているドイツ人で，現地のラリーで腕を磨き急速にトップクラスのテクニックを身につけてきていた。コンビを組むシュラーはドイツ在住でこのラリーのためにやってきたが，ハーマンが着実にウエットコースやツイスティな路面でそのうまさを示すのに対し，シュラーのほうは高速走行を得意としていた。他のクルーは，主となるドライバーとコドライバーの腕の差がはっきりして

第5章 510によるサファリ初制覇

69年のサファリラリーにもチームエントリーでブルーバード510が出場。4月3日ナイロビをスタート。

いることが多かったが，このコンビはサファリラリーにはバランスのとれたドライバー同士の組み合わせであった。

　当時のサファリラリーではナビゲーションの重要度は高くなく，ふたりが交替でドライブするのが普通だった。そのため，ドライバーとナビゲーターというより，ドライバーとコドライバー（副ドライバーの意）という方が正確なのかもしれない。サファリラリーでドライバーとナビゲーターの役割が明瞭になるのは70年代に入ってからで，それまではヨーロッパのラリーとはこの点でも大きな違いがあった。

　サービスカーはセドリックバン5台とブルーバード510が3台の計8台で，セドリックは荷物を満載するものの前年までのラリーカーに近い仕様のもので，510の方は本番車と同じ仕様の練習車を再整備したものである。これには部品はほとんど積まずに工具類だけで，軽くて足が速いことを利用してサービス箇所を多くし，いざとなったらそのクルマから部品をはずしてラリーカーに取り付けることも可能であった。このブルーバードのサービスは"たこ足車作戦"と指揮をとる難波によって名づけられた。

　8台のサービスカーには，日本人とインド人，イギリス人，ケニア人と多彩であったが，それぞれに同国人が入らないように編成された。共通語は英語だからそれぞれ相手にわかるようにとゆっくり話すことになり，カッカして母国語で早口でしゃべっても相手には通じないから喧嘩にならないというわけだ。

131

グリンリー/コリンジのブルーバード510。トレーニング中にストップすると住民が寄ってくる。

　限られた車両と人員によってサービスすることになるから，1箇所でも多くまわろうとすると寝る時間がなくなるが，他のワークスチームの倍近く受け持つ計算になる。そのために1箇所のサービスポイントにいる時間を少なくしなくては次の地点への移動が間に合わなくなってしまう。そこで打ち出されたのが1箇所のポイントでは1時間しか待たないという原則だった。トラブルやスタックで遅れても，チームのトップを走るラリーカーと1時間以内の間隔で走っていないとサービスが受けられないことになるわけだ。かつては遅れたラリーカーを5時間以上も待ったりしたが，それでは好成績を挙げる方法とはいえない。勝つために非情かもしれないが，積極的な方針が立てられたのである。

　給油についてもその場所が新しく考えられた。というのは，それまでは燃料がなくなる地点を予測してサービスしていたが，走り方に合ったポイントで給油する作戦に切り替えられた。つまり，登坂の前にはなるべく給油しないで，山の上にたどりついてから満タンにしたほうが有利である。そこであらかじめ走りにプラスになるような給油箇所を決め，サービスすることになった。さらに，給油缶は作業しやすいような特製のものがつくられた。他のチームは既製のものを使っていたが，これでは空気の抜けが悪かったからである。

　スタックしたときの秘密兵器として，ダットサンチームはタイヤにチェーンをまく

第5章 510によるサファリ初制覇

ワークスエントリーではなかったが、チーム登録されて出場したディン/ミンハス組のブルーバード510。着実なディンのドライブで総合3位となり、これまでのダットサンチームの最高位を獲得した。

69年からダットサンチームに加わったシモニアン/ニーラン組のブルーバード510。シモニアンは飛ばし屋といわれ、ミスも多いが速いドライバーとして知られていた。

シモニアン/ニーラン組の510は、アメリカのシーアーズロバック社がミシュランとくんで開発したラジアルタイヤを装着、これが裏目に出てリタイアした。

ハーマン/シュラー組はポルシェで出場する予定だったが、急遽ダットサンチームに加わって510で出場、そのため最後尾からのスタートとなった。

第5章 510によるサファリ初制覇

69年のラリーで最後尾からスタートしたハーマン/シュラー組の510は、よく追い上げて5位でゴール。区間タイムではトップに立つタイムを出すなど、その速さをみせた。

ことを考えていた。これは雪道では効果があるが、泥ではどうかドライバーは疑問を感じていた。そのためにわざわざタイヤ交換するだけのタイムを稼げる保証がないと思われたからだ。それにチェーンをまいたタイヤではスピードが出せないからでもあった。しかし、タイヤサイズにあったチェーンを空気を抜いたタイヤにまき、その後に空気を入れてパンパンに張った状態にすることによって効果が発揮できると難波は考えたのである。ケニア山のまわりの道はアップダウンの曲がりくねったところが多く、雨がよく降るのでスタックしやすく、毎年難渋するところとして知られている。この年も雨となり、このチェーン作戦を実施した。半信半疑でこれに従ったドライバーたちも、その効果の大きさにびっくりしたり喜んだりだった。

　こうした体制の強化とラリーカーのポテンシャルアップによって、サファリラリーへの挑戦7年目で出場した4台が完走し、チーム優勝を飾ることができたのである。これまではチーム優勝はフォードやプジョーチームが獲得しており、ダットサンチームには手の届かないものであった。これは3台の完走した同一チームのクルマの総合ポイントで争われるもので、ラリーカーとして優秀であるという折り紙を付けられることになるので、ダットサンチームが欲しがっていた名誉であった。

　もっとも若いゼッケン④のシモニアンは新開発のダンロップタイヤではなく現地で入手したスチールラジアルタイヤをはいて走ったが、これがバーストしてそのスチー

総合3位でゴールしたディン/ミンハス組。ドライバーのディンはウガンダに住んでいた。

プライベート出場で総合7位となったランドール/パーキンソンの510。 同じく13位となったオールトン/マッコーネルの510。

第 5 章 510によるサファリ初制覇

69年サファリラリーでチーム優勝し，日本に帰国したダットサンチーム。

ルベルトで燃料ホースを切断して，それがもとでリタイアしてしまった。ミスがあるが，速いドライバーとして地元のラリーでは完走すれば上位に顔を出すシモニアンは，それまではフォードに乗っていたが，エアードの後釜としてダットサンチームに入った。着実に走るタイプのジャミル・ディンは総合優勝を狙える位置にはいなかったが，確実に上位をキープして，3位というダットサンチームの最高の成績をもたらした。

惜しかったのはハーマン／シュラー組である。90番というラストからのスタートだったので，遅いプライベートカーを抜くのに手間どり，上位に上がってくるまでに減点を重ねたことが響いて，総合では5位となった。しかし，区間タイムで比較してみると，そのいくつかではトップタイムをマークしており，スタート順さえよければ，トップ争いに加われた可能性が十分にあったと思われた。

チーム優勝をなしとげたことによって，あとは総合優勝を狙うだけで，それには手が届くところまで来ているという確かな手応えを得ることができた。

最初は日本人ドライバーを中心にして戦い始め，すぐに現地のドライバーに切り替え，それなりの効果を挙げた。しかし，その多くはラリーの好きなアマチュアドライバーたちであった。その後，ラリーカーの性能向上にともなってドライバーの実力も

ラリーに出場したブルーバード510を分解し、翌年の仕様を決めるために細かくチェックされる。

上がってきているといえるが、69年に関していえば、ラリーカーの性能の方がドライバーの力量を上まわっており、これが次の年の課題のひとつであった。

この年の活躍で、ボルボで走ったジョギンダー・シンは翌年は再びダットサンチームに加わることになり、ハーマンとシュラーもダットサンチームに正式に入り、70年のダットサンの布陣は強力となることが約束された。

石原裕次郎主演の『栄光への5000キロ』の撮影が実際のラリーを背景に行われたのがこの年のことであった。撮影隊もダットサンチームと同じナイロビのメイフェアホテルに滞在し、サービス隊のメンバーがラリーの合間に浅丘ルリ子とマージャン卓をかこむ姿が見られた。この映画は大ヒットして、日本でサファリラリーの存在を一般に知らしめることに大きな効果があった。

## 第5章 510によるサファリ初制覇

### ■70年サファリラリー

510ラリー仕様車は、さらなる性能アップが図られ、エンジンの最高出力は130psとなり、パワーウエイトレシオでもヨーロッパのラリーカーに遜色ないレベルに達した。このときからキャブレターはソレックス製となり、トルクも前年の14.0kg・mから15.5kg・mと向上した。これに見合うシャシー性能になったのはいうまでもないが、この年には浅間のテストコースでノンストップ5000km耐久テストが行われるなど、これまで以上の念の入れようであった。ドライバー交替と燃料補給だけでおよそ48時間ほどで走破し、その間にほとんどトラブルが発生せず、ダットサンチームはさらに自信を深めてサファリラリーに臨むことができた。

18回目を数える70年サファリラリーは、この年から世界選手権のかかったラリーとなり、それまで以上の盛り上がりを見せた。当然ヨーロッパでの関心は高まり、フォードはカプリとタウナスでエントリーし、イタリアからはランチャフルビアが姿を見せ、プジョーも新型の504インジェクションタイプを用意し、ポルシェは必勝を期してワークスドライバーのザサダでエントリーした。サファリラリーに興味を示すようになってきたイタリアのランチャチームは、エースドライバーのサンドロ・ムナーリを初め北欧出身のハリー・カールストロームとシモ・ランピネンというワークスドライバーを揃えてきた。また、モンテカルロラリーではかつてミニクーパーで優勝した経

再びジョギンダー・シンがダットサンチームに加わり、70年サファリでは510で出場。スタートを待つシン/ヤンード組。

70年3月26日カンパラをスタートするディン/ムガル組の510。この年もプライベート出場だったが、チーム登録されていた。

験をもつフィンランド出身のラウノ・アルトーネンからダットサンチームに入りたいというオファーがあったが、あまりにも有名であるために逆に遠慮してもらったという。そのため、アルトーネンはフォードチームで出場することになった。

この年のラリーで注目されたことのひとつは、ダットサンでのエントリーが多いことだった。出場する91台のうちニッサン車は31台を数えた。そのうち23台が510であった。このうち4台はダットサンのワークスカーであるが、残りはすべてプライベート出場である。急速にダットサンがふえたのは、それだけ評価されたからである。

ケニアではクルマには高い関税がかけられ、部品の価格も高く入手もままならず、ラリーに出場するのはたいへんなことである。しかもカーブレーカーラリーといわれるほどの苛酷さで、耐久性があって走行性にすぐれたクルマでなくてはならず、多くのプライベーターは手ごろなラリーカーを手に入れることに苦労していた。そこにダットサン510という価格も比較的安く、ラリーパーツもそろっている、魅力的なクルマが出現したからだった。ラリーカーとしての性能がワークスカーに近いものを、プライベートドライバーでも購入することができるというのが人気となった。

これはダットサンチームにとっては、うれしい反面つらいことでもあった。という

第5章 510によるサファリ初制覇

タイムコントロールを出るハーマン/シュラー組のブルーバード510。
市内に入ると指示速度は大きく下げられるので、ゆっくりと走る。

シモニアン/ニーラン組の510。ゼッケン1番なのでコース上のトップをしば
しば走った。ナビゲーターのニーランがコントロールに入っているところ。

ハッスルしたシモニアン/ニーラン組の510は、崖から転落してクルマにダメージを受けた。しかし、果敢に走り続けた。パンチング中のラリーカー。

のは、510で出場するプライベートの人たちがいろいろな要求をもって、彼らのガレージに次から次へと押し掛けてきたからである。部品をわけてくれとかラリー用のセッティングの相談にきたりするのをむげに断るわけにもいかず、彼らのために専属のメカニックをおくことにしたほどだった。

　サービス体制は前年でほぼ整ったかたちになったので、それを元にきめ細かい作戦が立てられた。走行距離は5300kmと前年と変わらなかったが、それぞれ2台ひと組のサービス隊が8箇所のサービスを行うことになり、前年より2箇所多くなったために、睡眠時間がほとんどなくなる厳しさとなった。クルマの移動の間に仮眠するだけで、5日間を過ごさなければならないスケジュールになった。

　体制を整えたフォードチームは自信満々で、前年に続いて総合優勝を狙うのはもちろん、ダットサンチームに奪われたチーム優勝も獲得しようと張り切り、事前の記者会見でも自信のほどを見せていた。

　クルマのポテンシャルが上がり、ドライバーも地元のトップクラスを揃えたダットサンチームは、フォードに負けない自信があったものの、記者会見に臨んだ難波監督は、あまり強気な発言をしなかった。「昨年を下まわらない成績をめざしている」と謙虚な目標を立てているような態度で通した。

　しかし、難波はフォードチームのウイークポイントを事前に見つけており、彼らに負けることがないと思っていた。というのは、出走前に行われる車検の会場で、カプ

第 5 章 510 によるサファリ初制覇

シン/ランヤード組の510。ナビゲーターのランヤードが、コントロールポイントでオフィシャルに申告中。フロアやホイールハウスに付いた泥で悪戦苦闘しているのがわかる。

リに取り付けられているアンダーガードが、2年前にダットサンがエンジンを焼き付かせるトラブルの原因となり、苦い思いを味わったものと同じかたちだったのを見てとっていたからだ。

　この年のラリーは、前年同様ケニアとウガンダの2国でのものとなり、スタートはウガンダの首都であるカンパラとなった。

　年々上がっていったラリーのアベレージスピードは99km/hとなり、苛酷さを一段と増していた。市街地の周辺を除いて、そのほとんどがスペシャルステージで、悪路を猛烈なスピードで走らなくては減点の対象となり、優勝をめざすにはクルマをかばって走る余裕はなくなっていた。

　世界選手権がかけられるようになり、スタート順はシードドライバーが優先されることになった。FIAシードおよびケニアのトップドライバーが第1シードとなり、彼らだけの抽選でゼッケンが決められ、そのほかのドライバーはそのあとからのスタートとなる。ダットサンチームは①シモニアン、④ハーマン、⑧ディン、⑫サンダース、⑰シンという布陣であった。先頭を走るシモニアンからチーム最後となるシンまではほぼ30分の間隔で走ることになり、サービスはずっとやりやすくなった。

　3月26日カンパラの国会議事堂わきの広場からウガンダのオボテ大統領の振り降ろす国旗を合図にラリーのスタートが切られた。ラリーカーは東に進路をとり、ケニアに入ってキターレから北上する高地を走って、エルドレットからフラミンゴが群棲す

143

ナイロビのパンチングタイムでパルクフェルメされる競技車。トップのポルシェ、次いでブルーバード510が2位、ランチャフルビア、さらに510と続き、これらが上位グループを形成していた。

サンダース/スミス組の510。70年サファリではトラックの材木に当たってドライバーが負傷し、リタイアした。

第 5 章 510によるサファリ初制覇

ディン/ムガル組の510。前年の総合3位に続いて70年も総合4位に入賞、着実な走りを見せた。

プライベート出場のブルーバード510。ドライバーのウリアーテはタンザニア在住の実力派ドライバーで、サファリではその後も活躍している。

ハーマン/シュラー組の510。ふたりのドライバーがそれぞれ得意とするコースが異なるので抜群のコンビネーションで速さを示した。

ることで知られるナクール湖のあるナクール市までが第1ステージである。ここまでにランチャのランピネンのラリーカーが早くもトラックと衝突してリタイアし、フォードの1台もコースアウトして転倒し脱落していた。

　最初から速さをみせたザサダのポルシェを先頭にして、15台もの有力なラリーカーが熾烈な争いを繰り広げた。コースへはトップで飛び出したダットサンのシモニアンに、ゼッケン3番のカプリに乗るアルトーネンが追い付き、両者が激しくコース上の先頭争いをしていた。コースをトップで走ることが必ずしもラリーのトップであるとは限らないが、目の前にいる当面の敵にファイトを燃やすのはよくあることだ。ダットサンチームのサービスは素早く、フォードに遅れてサービスポイントに着いても、そこを出るときには再び先頭に立ち、しばらくはこの2台による争いが続けられた。この2台に追い付いてきたのがザサダのポルシェである。スタートは6番目でトップから12分後のスタートであるから10分近くこのダットサンとフォードに先行していることになり、断然トップの成績である。

　ナクールからナイロビへ向かうコースは、難所として知られるケニア山のまわりを大きくまわっていく。ここが第2ステージの勝負どころである。曲がりくねった道が続き、アップダウンが多く、雨によって道路がかまぼこ状となり、ステアリングの自由がきかず非常に走りづらいところである。雨が降ると粘土質の道路はすべりやすく

第 5 章 510 によるサファリ初制覇

ザサダのポルシェを追うハーマン/シュラー組の510。ラリーカーにダメージをわずかに受けているが，トラブルもなく快調であった。

なり，スピードが落ちるとずるずるとコースサイドに落ち込んでストップしてしまう。その脱出には時間がかかる。ナビゲーターが降りてクルマを押したり，クルマのリアバンパーにのって荷重をかけて前進するためのグリップを得ようと苦労するのだ。タイヤのトレッドは泥で埋まっているから，ストップしたラリーカーを動かすのは上り坂ではとんでもない労力を使わなくてはならない。

ラリーカーがここにさしかかると，雨が降ってきた。前年に考えられたタイヤにチェーンをまく作戦をこの年も実施するつもりで，スパイクタイヤとともにケニア山の入り口にあたるサービスポイントで用意していた。他のチームはここではガソリンを補給するだけで素早く走りだしている。ケニアの雨はきまぐれで降り続くかどうかは予断できない。

天はダットサンチームに味方した。雨は激しく，道路は泥沼となり，ウェットサファリラリーの様相を呈してきた。フロントにスパイクタイヤをはくことによって，ステアリングの操作を確実なものにし，チェーンをまいた後輪で泥の道でのグリップを確保する狙いは成功した。もちろん，それでもすべりながらの走行であるが，パワーのある他の有力なクルマよりも速く走ることができ，上位を走るポルシェやランチャとの差を縮めることができた。このタイヤにチェーンをまく作戦はヨーロッパのチームはやりたくてもできなかった。彼らは雪道ではスパイクタイヤをはくのが当たり前

で，ホイールハウスにはチェーンを取り付ける余裕空間はなかったのである。

　ダットサンチームのクルマの脱落もあった。フォードカプリと争っていたシモニアンは，コース上で再びトップに躍り出たまではよかったが，調子にのりすぎたのか8メートルのがけから落ちてしまったのだ。住民の手を借りてラリーカーを道路まで引っ張り上げたもののかなりなダメージを負っており，大きく後退せざるをえなかった。しかし，ナイロビに到着してラリーの4分の1を終了した時点では，ハーマンやシンのドライブするダットサン510は快調に走っており，ザサダのポルシェ，ムナーリのランチャに次いで3位と4位であった。ダットサンはトップ10に3台が食い込んでいた。

　ここからケニアの南にあるアフリカ有数の港であるモンバサへいくコースは，その後のラリーでもよく使われる山道の多いところを通っていく。ここでも雨は激しく降り続けたが，トップに立つザサダのポルシェはそれをものともせずに2位以下との差を広げていった。スポーツタイプのポルシェは背も低く，マッドコースは得意ではないはずであったが，パワーを有効に使って他を圧倒していた。ポルシェのワークスドライバーであるザサダは，サファリラリーの経験は浅かったが，雪や氷の路面では抜

プライベート出場の510が多くなったのも70年サファリの大きな特徴であった。

ラリーのスタート地点に集まった観客を整理する(?)騎馬警官。

群の速さを見せており，ウエット路面の摩擦係数の低い泥のコースでも巧みにクルマを操り，足をとられることが少なかった。

　これまで，サファリラリーは海外ドライバーが勝てないというジンクスがあり，それは破られそうになりながらも破られなかった。海外のトップドライバーが多く出場するこの年は，それが大きな話題となっており，ザサダとムナーリがトップ争いをしているので，その可能性が強まっていた。もうひとりの優勝候補のひとりであり，前半にシモニアンと激しい争いをしていたカプリのアルトーネンは，難波の予想したとおりアンダーガードに泥が入ってエンジンのオーバーヒートを起こしリタイアしてしまった。そのほかのフォードも相次いでトラブルに見舞われ，ラリーの半分も走らないうちに全滅したのである。

　ダットサンチームにも，ゼッケン12番のサンダースのラリーカーが材木を積んだトラックを追い越す際に，その材木にあたってドライバーが負傷するというアクシデントが起こった。夜間走行の追い越しで前のクルマのことを考えてライトを下向きにしたため，横に出っ張っていた１本の材木が見えずに当たったということだった。胸を強打したサンダースは，肋骨を折ってしまった。

　これをサービスポイントで知った難波は，すぐ近くのボイの町にある診療所に入っていたサンダースの様子を見にいった。クルマのダメージはフロントガラスが割れた

だけで大したことはなかったが，ドライバーが肋骨を折っているのでリタイアせざるをえなかった。難波はサンダースの治療のために，セスナを用意してドライバーをナイロビの病院に空輸する手配をし，自らもナイロビに戻った。

これでダットサンチームは3台だけのチーム編成となった。チーム優勝を狙うにはもう1台も落とすことはできず，背水の陣を敷かざるをえなかった。トップを走るポルシェを追撃して総合優勝をめざすか，安全を考えてチーム優勝を狙って大事に走ることにするか選択を迫られた。

ナイロビに到着してラリーは半分を消化したことになるが，雨の激しかったせいでワークスカーとそれに続くプライベートカーとのタイム差が大きくなったので，予定が変更されて，ナイロビでのバンチングタイム（休憩時間）は12時間とられることになった。この時間をフルに利用してサービスカーの整備や部品の手配などサービス隊は疲れてはいたが，休むヒマはあまりなかった。

後半戦の始まる第3ステージはナイロビからビクトリア湖のわきを通ってカンパラにいくコースで海抜2800mの丘陵地帯を走っていく。このあたりからラリーカーの耐久性の勝負となり，それまでのペースで走っていくわけにはいかなくなる。トップ争いをしていたムナーリのランチャが焦ったためかコースアウトして転倒，ラリーカーが壊れてリタイアとなった。これで，ダットサンがポルシェを追い上げるかどうかが大きな焦点になってきた。

走行中のスピードではダットサンはポルシェにかなわないが，サービスの時間が短ければトータルでは勝負できる。ダットサンチームはトキコと共同でラリー用のショックアブソーバーの開発を続けてきたが，この年は無交換で走り切ることにしていた。これは耐久性が向上しただけではなく，初期性能を維持できるだけのものになっていたからである。一方のポルシェは途中でへたったショックアブソーバーを何回か交換せざるをえなかった。

第3ステージの中間点のカンパラに着いたときは，ポルシェとダットサンとの差は3分つまって9分となっていた。いよいよ両者の一騎打ちの様相が強まってきた。

ダットサンチームのサービスは緻密で迅速であった。これはどのチームにも負けないもので，日本人がリーダーとなって組織されたクルーは，計画を狂わせることなく，しかも臨機応変に行動した。チームは勝利に向かって士気はさらに高まった。

サービス体制に問題はないか細かくチェックしたあとで，難波監督は，ドライバーのハーマンとシンに対して，最後のステージの始まる前に指令を与えた。トップのポルシェを追い上げても決して抜いて前に出てはならないというものだった。ドライバーたちは意外な表情で聞いていたが，それでは優勝できないではないか，と反論してきた。しかし，難波はその指令を繰り返し伝えた。さらにダットサン同士の追い越し

70年サファリラリーがゴールした翌日のケニアの有力紙である"ネーション"の一面トップ記事。

も禁止するということを付け加えた。これにはハーマンのあとにつけているシンが難色を示したが、それはドライバーとしては当然のことである。しかし、2台が争って両方がつぶれるようなことがあっては元も子もない。シンはなかなか納得しなかった

が、自分の方がすぐれたドライバーであることをダットサンチームとして認めてくれるならそれに従うことにしようと言った。

難波がポルシェを追い抜くなといったのは、カンパラのコントロールポイントで保管されているポルシェを見たとき、エンジン部分の下にオイルが漏れているのを目ざとく見つけていたからだった。トラブルをかかえての走行となるから、当然いたわって走ることになるが、すぐ後ろから追い上げられれば、いやでもスピードを上げざるをえず、それがさらに傷口をひろげることになるに違いないという読みをしたのであった。

その読みどおりにラリーは展開した。ザサダのポルシェはカンパラからそれほどいかないうちに白煙を上げてストップ、エンジンを焼き付かせてリタイアしたのである。これで、ダットサンチームはトップを奪い、あとは慎重に走ってワンツーフィニッシュを飾った。3位にプジョーが入り、4位もダットサンで、チーム優勝も2位のプジョーに大差をつけて獲得した。完勝ともいえるサファリラリー制覇であった。ローカルドライバーを起用したダットサンチームが勝利を収めたことによって、海外ドライバーは勝てないというジンクスはこの年も破られなかった。

翌日のケニアの有力新聞の一面には"BANZAI SAFARI"という見出しが踊ってい

70年サファリラリーで総合優勝したハーマン(右)とシュラーはクルマの上でシャンペンを飲む。

第 5 章 510 によるサファリ初制覇

表彰式で数個のカップをもらい，ハーマンとシュラーをかこんで優勝を喜ぶダットサンチームのメンバー。

### 1970年サファリラリー成績

| 順位 | ドライバー | 車種 | 失点 |
|---|---|---|---|
| 1位 | ④ハーマン/シュラー | ダットサン1600SSS | 395 |
| 2位 | ⑰シン/ランヤード | ダットサン1600SSS | 446 |
| 3位 | ㊹シャンクランド/ロスウェル | プジョー504 | 489 |
| 4位 | ⑧ディン/ムガル | ダットサン1600SSS | 509 |
| 5位 | ㊺ミシエリデス/マリッテ | ボルボ122S | 670 |
| 5位 | ⑯マンデビル/アリソン | トライアンフ2.5P1 | 670 |
| 7位 | ㊻カークランド/ローズ | ダットサン1600SSS | 698 |
| 8位 | ㊿ハリス/オースチン | プジョー504 | 762 |
| 9位 | ㉗エスポジト/ランダル | アルファロメオ | 810 |
| 10位 | ⑳ノウィッキー/クリフ | プジョー504 | 866 |

た。サファリラリーの開催中はラリーの記事が1面のトップで報道されており，国家的なイベントであることがわかるが，日本語が見出しを飾ったのは空前絶後のことであろう。これを見た日本人も最初はそれが"万歳"であることにすぐには気がつかなかったという。この後，会う人ごとにこの言葉の意味を聞かれ，その説明に苦心せざるを得なかった。ひとことで置き換えられる英語の単語などあるわけがなかったからだ。

　8回目のチャレンジで，ダットサンはサファリラリーに勝った。着実に実力をつけ，ようやく頂上にたどりつくことができた。ダットサンチームは毎年確実に進歩したが，その進み方が先輩であるヨーロッパのチームより早かったからである。それはブルーバード510というクルマにたどりつくまでのニッサンの技術的進歩と似たような経過であるといえるのではないだろうか。

サファリラリーを制覇した510は70年も多くのプライベートチームが出場したが，ワークスチームの出場はこれが最後となった。

　しかし，勝利を得た510SSSの国際ラリーでの華々しい活躍はこれが最後であった。この勝利から1年後にモデルチェンジされ，ブルーバードは610になっていく。競争が激しい自動車業界では，モデルが古くなることは販売上好ましいことではなく，次から次へと新しくしていくことが当然のことであった。しかも，新しくしたことを強調するために，610はスタイルからしてそれまでのイメージとはまるで異なるものになっていた。

第5章 510によるサファリ初制覇

サファリラリー出場のブルーバードと240Zの仕様一覧

| | | 1963年 ブルーバードP312 | 1964年 ブルーバードP410 | 1965年 ブルーバードP410 | 1966年 ブルーバードP411 | 1969年 ブルーバードP510 | 1970年 ブルーバードP510 | 1971年 フェアレディZ HS30 | 1972年 フェアレディZ HS30 | 1973年 フェアレディZ HS30 |
|---|---|---|---|---|---|---|---|---|---|---|
| 車両寸法 | 全長 mm | 3885 | 3990 | 3995 | 3995 | 4070 | 4070 | 4115 | 4115 | 4115 |
| | 全幅 mm | 1496 | 1490 | 1490 | 1490 | 1560 | 1660 | 1630 | 1630 | 1630 |
| | 全高 mm | 1495 | 1440 | 1440 | 1470 | 1405 | 1405 | 1305 | 1305 | 1305 |
| | ホイールベース mm | 2280 | 2380 | 2380 | 2380 | 2420 | 2420 | 2305 | 2305 | 2305 |
| | トレッド 前 | 1209 | 1206 | 1206 | 1206 | 1300 | 1330 | 1355 | 1355 | 1355 |
| | トレッド 後 | 1194 | 1198 | 1198 | 1198 | 1300 | 1330 | 1345 | 1345 | 1345 |
| | 地上高 | 200 | 200 | 200 | 200 | 200 | 200 | 180 | 180 | 180 |
| 空車重量 kg | | 890 | 900 | 900 | 900 | 965 | 965 | 1000 | 1050 | 1100 |
| エンジン | 型式 | E | E | E | J | L16 | L16 | L24 | L24 | L24 |
| | 気筒数,カム位置 | 4気筒 OHV | 4気筒 OHV | 4気筒 OHV | 4気筒 OHV | 4気筒 OHC | 4気筒 OHC | 6気筒 OHC | 6気筒 OHC | 6気筒 OHC |
| | 総排気量 cc | 1189 | 1189 | 1189 | 1299 | 1595 | 1595 | 2393 | 2393 | 2498 |
| | ボア×ストローク | 73×71 | 73×71 | 73×71 | 73×77.6 | 83×73.7 | 83×73.7 | 83×73.7 | 83×73.7 | 84.8×73.7 |
| | 最高出力 PS/rpm | 60/5600 | 65/6000 | 70/6000 | 80/6400 | 120/6800 | 130/6800 | 215/6800 | 220/6800 | 225/7200 |
| | 最大トルク kg·m/rpm | 9.0/4000 | 9.0/4400 | 11.0/4200 | 11.0/4400 | 14.0/4800 | 15.5/4800 | 24.5/4800 | 25.0/4800 | 25.5/4800 |
| | 許容回転 rpm | 6000 | 6000 | 6000 | 6000 | 6800 | 7000 | 7000 | 7000 | 7500 |
| | 燃料供給装置 | 日気2連式×1 | 日気2連式×1 | SU38φ×2 | SU38φ×2 | SU46φ×2 | ソレックス44φ×2 | ソレックス44φ×3 | ソレックス44φ×3 | ソレックス44φ×3 |
| クラッチ サイズ mm | | 184φ×127φ | 184φ×127φ | 200φ×130φ | 200φ×130φ | 200φ×130φ | 200φ×130φ | 225φ×150φ | 225φ×150φ | 225φ×150φ |
| トランスミッション | 段数 | 4 | 4 | 4 | 4 | 5 | 5 | 5 | 5 | 5 |
| | 最終減速レシオ | 1.0 | 1.0 | 1.0 | 1.0 | 1.0 | 1.0 | 0.852 | 0.852 | 1.0 |
| ファイナルドライブ | LSD | ナシ | ナシ | ナシ | ナシ | 付 | 付 | 付 | 付 | 付 |
| | レシオ | 4.625 | 4.375 | 4.375 | 4.375 | 4.375 | 4.375 | 4.625 | 4.625 | 4.375 |
| ステアリング | 型式 | カム&レバー | カム&レバー | カム&レバー | カム&レバー | ボール循環 | ボール循環 | ラック&ピニオン | ラック&ピニオン | ラック&ピニオン |
| | レシオ | 14.8 | 14.8 | 14.8 | 15.0 | 15.0 | 13.3 | 16.4 | 16.4 | 16.4 |
| ロードホイール | 型式 | 4J×13スチール | 4J×13スチール | 4½J×13スチール | 4½J×13スチール | 5J×13スチール | 6J×13 Mg | 7J×14 Mg | 7J×14 Mg | 7J×14 Mg |
| タイヤ | | 560-13 SP44 | 560-13 SP44 | 560-13 SP44 | 560-13 SP44 | 175-13 SP44 | 185/70-13 SP44 | FR70-14 SP44 | FR70-14 SP44 | FR70-14 PW81 |
| フュエルタンク容量 ℓ | | 31 | 41 | 41 | 60 | 90 | 90 | 100 | 100 | 100 |
| 最高速 km/h | | 120 | 130 | 140 | 150 | 170 | 175 | 200 | 205 | 205 |

## 東アフリカサファリラリー 63～73年ダットサンチーム出場メンバーと成績

| 年 | 車種 | ゼッケン | ドライバー | 成績 | 備考 |
|---|---|---|---|---|---|
| 1963年 | ブルーバード310 | 22 | 若林 隆／J.エスノフ | リタイア | — |
| | | 34 | 難波靖治／S.プリチャード | リタイア | |
| | セドリックG31 | 63 | 水田 守／M.Y.マリック | リタイア | |
| | | 67 | 安達教三／J.ダンク | リタイア | |
| 1964年 | セドリックG31 | 39 | J.ジープス／G.F.アレクサンダー | 総合20位 | — |
| | | 45 | 安達教三／M.Y.マリック | リタイア | |
| | | 48 | M.S.ブルックス／G.スチーブンス | リタイア | |
| | | 61 | J.グリンリー／J.ダンク | リタイア | |
| | ブルーバード410 | 82 | S.プリチャード／K.ジェナー | リタイア | |
| | | 85 | B.マリック／M.S.カーン | リタイア | |
| | | 89 | D.B.ロッセンロッド／I.W.フィリップス | リタイア | |
| | | 94 | J.エアード／P.J.パーソン | リタイア | |
| | | 96 | 若林 隆／J.エスノフ | リタイア | |
| 1965年 | ブルーバード410SS | 14 | B.ヤング／C.マクギネス | リタイア | — |
| | | 49 | J.エアード／R.J.パーソン | リタイア | |
| | | 69 | J.グリンリー／J.ダンク | リタイア | |
| 1966年 | ブルーバード410SS | 6 | J.グリンリー／J.ダンク | 総合5位 | — |
| | | 30 | MR.カードウェル／MRS.カードウェル | リタイア | |
| | | 48 | J.エアード／R.ヒリア | 総合6位 | |
| | | 75 | R.モックリッジ／J.エスノフ | リタイア | |
| 1967年 | セドリックH130 | 2 | E.G.ハーマン／G.エルバス | リタイア | — |
| | | 10 | J.グリンリー／E.バース | リタイア | |
| | | 14 | J.エアード／R.ヒリア | 総合17位 | |
| | | 47 | MR.カードウェル／MRS.カードウェル | 総合21位 | |
| | | 91 | R.モックリッジ／J.エスノフ | 総合20位 | |
| 1968年 | セドリックH130 | 3 | J.シン／B.スミス | 総合5位 | — |
| | | 12 | J.グリンリー／T.サミエル | リタイア | |
| | | 24 | J.サンダース／H.ピートリング | リタイア | |
| | | 51 | L.カードウェル／G.デービス | 総合7位 | |
| | ブルーバード510SSS | 60 | 若林 隆／増田勇夫 | リタイア | |
| 1969年 | ブルーバード510SSS | 4 | J.シモニアン／P.ニーラン | リタイア | チーム優勝 |
| | | 25 | (J.ディン／M.ミンハス) | 総合3位 | |
| | | 29 | J.サンダース／H.ピートリング | 総合11位 | |
| | | 35 | J.グリンリー／N.コリンジ | 総合8位 | |
| | | 90 | E.ハーマン／H.シュラー | 総合5位 | |
| 1970年 | ブルーバード510SSS | 1 | J.シモニアン／P.ニーラン | リタイア | チーム優勝 |
| | | 4 | E.G.ハーマン／H.シュラー | 総合優勝 | |
| | | 12 | J.サンダース／B.スミス | リタイア | |
| | | 17 | J.シン／K.ランヤード | 総合2位 | |
| 1971年 | ダットサン240Z | 11 | E.G.ハーマン／H.シュラー | 総合優勝 | チーム優勝 |
| | | 12 | R.アルトーネン／P.イースター | 総合7位 | |
| | | 31 | S.メッタ／M.ドウティ | 総合2位 | |
| 1972年 | ブルーバードU1800SSS | 3 | O.アンダーソン／J.タベンポート | 総合12位 | |
| | ダットサン240Z | 5 | R.アルトーネン／T.フォール | 総合6位 | |
| | | 8 | S.メッタ／M.ドウティ | 総合10位 | |
| | | 10 | E.G.ハーマン／H.シュラー | 総合5位 | |
| 1973年 | ダットサン240Z | 1 | S.メッタ／L.ドリューズ | 総合優勝 | チーム優勝 |
| | | 6 | R.アルトーネン／P.イースター | リタイア | |
| | | 11 | E.G.ハーマン／H.シュラー | リタイア | |
| | ブルーバードU1800SSS | 9 | H.カールストロム／N.ビルスタム | 総合2位 | |
| | | 19 | T.フォール／M.ウッド | 総合4位 | |

# 第6章　ダットサン240Zの開発とその特徴

　ブルーバード510SSSに続いて国際的なラリーフィールドで活躍したのが、これから述べるダットサン240Zである。このクルマはスポーツカーとしては、当時世界でもっとも多く生産され、売れ続けたという点であまり例を見ない画期的なものであった。

　昔からスポーツカーは、企業のイメージを上げるには格好のものだが、収益を上げるものではなく、まず赤字になるものと相場が決まっていた。したがって、多くのメーカーがその開発に熱を入れることがあっても、それは一時的なことで、長続きはしないのが常であった。マニアには受け入れられても、数多く売れるものではないからだ。そうした常識を破って、このダットサン240Zは、70年代にはアメリカ輸出の花形的存在として量産され、ニッサンに多大な利益をもたらした。スポーツカーとして企業のイメージを上げる役目を果たすとともに、利益を生む商品として成功したのである。

　その成功のカギはどこにあるのだろうか。

　スポーツカーといっても、ハイパワーの高価なスーパーカーから限られたマニアを対象にした硬派のライトウエイトなものなどの少量生産されるスポーツカーがあり、一方には、マイルドなムードを楽しむ量産スポーツカーがある。前者はフェラーリやランボルギーニ、さらにはロータスなどに代表されるもので、後者は一般のいわゆる自動車メーカーによってつくられる。

　自動車メーカーで開発されるクルマは量産することが前提で計画が立てられ、原則

フェアレディ240ZG。これはバンパーなどを一体化したグランドノーズを取り付けた最高級グレードのHS30H。全長も180mmほど長くなり、オーバーフェンダー付きとなっている。

としてスポーツカーもその例外ではない。そこで，量産されているクルマの部品を流用してコストを抑えながらも，スポーツマインドを十分に折り込むことが重要になってくる。したがって，人間が扱う道具としてのクルマづくりの思想が確立されているかどうかが問われているということができる。

このフェアレディZは，ブルーバード510とは兄弟，あるいは血のつながりの濃い親戚関係にあるクルマとして誕生した。エンジンをはじめシャシー関係でも共通点を多くもち，共用されているパーツもかなりの点数にのぼっている。その開発思想の根本のところで共通点をもっており，ダットサン1600SSSにあったスポーツマインドを受け継ぎ，スポーツカーとして開発されたのがダットサン240Zである。

その意味では，サファリラリーなどでダットサンチームのラリーカーとして活躍することになるのは，必然的なものであったが，スポーツカーであるがゆえに，その開発過程ではメインの車種とは異なる道筋をたどって誕生してきている。

それは，その後に量産スポーツカーとして成功したマツダのユーノスロードスターも同様であった。この場合も，開発陣の熱意がなければ世に出ない運命のクルマであったことは，いまではよく知られた事実である。1980年代の初めにマツダが売り上げを伸ばすために，新しく開発する車種として軽自動車とマルチパーパスカー，さらに

小型スポーツカーという3つの企画があり，この中で，スポーツカーの開発は当然のことながら優先順位がもっとも低かった。開発は続けられたものの，これを生産に移すかどうかの段階になって，首脳陣は懸念を表明したようだ。日の目を見ないで姿を消すクルマにならないようにと，このクルマの開発に情熱を燃やした人たちが，有利なデータを集め，消極的だった会社の首脳陣の説得につとめ，ようやく生産されることになったのだった。

逆の例としてはトヨタ2000GTがある。これは量産を意識しないで大メーカーが開発した珍しいクルマである。レースで活躍するためにつくられ，その精悍なスタイルは傑出しており，高性能なメカニズムをもち，耐久レースで多くの勝利を獲得した。その成果をアピールするために200台限定生産され販売された。希少価値も手伝って人気が出たが，イメージを上げるためにつくられたものだから，市販されたものも贅沢な装備になっており，高価なクルマであった。開発した技術部では，コストを抑えて低価格にしたポピュラーバージョンをつくる計画を立てたが，当時のトヨタ自動車販売の幹部の反対で日の目をみなかった。ニッサンでフェアレディZの開発が進んでいた1967年頃のことである。

こうした背景には，それぞれの会社の置かれている状況や方針の違いなどがあるが，その点ではニッサンはスポーツカーの製作にはもっとも伝統があり，その流れのなかで誕生したのがフェアレディZである。

## ■ダットサンスポーツからフェアレディSR311までの開発経過

戦後最初の国産スポーツカーとしてダットサンスポーツDC-3型がデビューしたのが1952年である。これは当時の110が登場する前のダットサン乗用車のシャシーを流用してつくられたオープンボディである。まだ，一般の乗用車さえあまり売れない時代であるから，生産台数がきわめて少なかったのは当然のことだが，この時代にこうしたクルマをつくる姿勢があったことが意味深い。しかし，その後，しばらくはこうした動きが中断された。

新たな動きがあったのはそれから4年後の56年5月のことである。当時強化プラスチック（FRP）の研究とその実用化を推進していた東京大学の林毅教授からの要請があったのがそのきっかけだった。FRPの実用化のひとつとしてクルマのボディをつくりたいという申し出で，それに応じてスポーツカーのボディを試作することになったのである。そのメーカーである日東紡の協力で進められた。もちろん，会社の仕事としては傍流の，いってみればボディ設計を担当する原禎一たちの片手間で行われるものである。

当時すでにダットサン210型が市販されており，このシャシーをベースにしてFRPの

ダットサンスポーツDC-3。860cc20psエンジンを積み,車重は750kg。

ボディの製作が行われた。FRPでは大きい丸みのあるかたちの方がつくりやすく、そうした方向のデザインをもとに進められ、うまくまとめられている。このデザインはかつての自動車メーカーであった"オオタ"の設計者である太田裕一によって行われた。彼もまた、昭和初期の草創期から戦後の混乱期にいたる困難な時代にクルマづくりという夢を見続けた人物であった。

　翌年の8月にその試作車が完成し、58年に開催されたモーターショーに展示されることになった。当時としてはとてもスタイリッシュな、2トーンカラーに塗られたスポーツカーに対する評判はよかった。形式名はS211型と名付けられた。2ドアのコンバーチブルの4人乗りで、ダットサン210型と同じ988ccの34psエンジンが積まれており、ダットサンの乗用車より160kgも軽量なものになっていた。このため、210型の最高速度が95km/hであったのに対して、このS211型のほうは115km/hと高性能であった。FRPという軽量ボディの効果である。

　とりあえず注文生産されることになったが、実際にその数はわずかに20台にすぎなかった。最初のダットサンスポーツと同じ運命をたどり、少量生産されるだけで姿を消すことになると思われたが、これを救ったのがアメリカへの輸出計画であった。

　日本ではこうしたオープンカーは特殊なクルマと思われるが、アメリカでは、手ごろなアメリカ車にない小型スポーツカーとして需要が見込まれたのである。そのため

第 6 章 ダットサン240Zの開発とその特徴

ダットサンスポーツS211。ダットサン210のシャシーを流用し、全長3936mm、全幅1472mm、全高1407mm、ホイルベース2220mm、車重765kg。

に、これを量産することになり、FRP製ボディは生産性のよい鉄板のボディにし、左ハンドルのSPL211型として59年秋から生産が開始された。これには310型ブルーバードの1200cc43psエンジンが搭載され、最高速度は132km/hとなった。これが、川又社長によって"フェアレディ"と名付けられたクルマで、ニッサンの最初の量産スポーツカーとなった。

その後、動力性能の向上が図られ、60psにパワーアップされたエンジンが搭載され、前後ともリーフスプリングのリジッドアクスルだったものから、フロントはトーションバースプリングを使用した独立懸架になった。これがSPL213型である。

さらにモデルチェンジされてスタイルが一新されてSP310型となり、発売されたのが62年10月のことである。

このクルマからフェアレディは本格的なスポーツカーとしての性能をもったものになった。シャシーはブルーバード310型のはしご型フレームを流用しているが、前後のサスペンションはいずれも大幅に強化されている。エンジンはセドリック用のG型直列4気筒OHV1488ccにSUキャブを装着して71psとなり、輸出用はツインキャブで80psであった。ミッションはローを除くシンクロ付きで、4速フロアシフトとなっていた。そのスタイルはヨーロッパのライトウエイトスポーツカーを思わせる流麗なもので、3人乗りであった。リアのシートは横向きになっており、この点では変則的であった。価格はラジオとヒーター付きで85万円と割安であった。

フェアレディSP310。61年10月の自動車ショーに展示され人気の的となった。全長3910mm、全幅1495mm、全高1315mm、ホイルベース2280mm、エンジンは4気筒OHV1488cc71psであった。

　このフェアレディSP310は、63年5月に行われた第1回日本グランプリレースのGTレースでトライアンフTR-4やフィアット、ポルシェなどのヨーロッパのスポーツカーを破って優勝した。これはニッサン車の唯一の勝利であったが、レースとフェアレディとの結びつきの第一歩であった。これ以後日本のサーキットでは、フェアレディの姿がよく見られるようになっていく。そのために性能向上は欠かせないことになり、パワーユニットを中心に、次第にポテンシャルが上がったモデルに変身していく。

　まず、63年6月にはレース仕様と同じSU2連キャブの80psのエンジンとなったSP310－Ⅱ型が発売され、次いで優美なラインのスペシャルカーのシルビアに積まれたSUツインのR型90psのOHVエンジンが移植された。しかも、ミッションはポルシェタイプの4速フルシンクロになり、最高速度は165km/hに達していた。これがSP311型で、フェアレディ1600ともいわれたクルマである。

　富士スピードウエイに舞台を移した66年の第3回日本グランプリのGTレースにこのSP311型が出場し、ロータスエランやトライアンフ、ポルシェ911などと争って優勝している。1500cc以上のクラスでは、有力なレースカーは少なく、まして国産スポーツカーはフェアレディしかなかったから、これ以後のレースではフェアレディ同士のトップ争いが繰り広げられるようになり、これを脅かすレースカーは現れなかった。

　この第3回グランプリレースで、ニッサンからメインレースにフェアレディSというスペシャルマシンがエントリーしていた。当時このレースではプリンスR380が国産

のレーシングマシンとしてその速さをアピールしており，これと同じ排気量のポルシェ906との争いに興味が集中していたが，このレースにニッサンからハイパワーエンジンを積んだスペシャルマシンが出場するということで注目されたのである。将来はこれをもとにして本格的なレーシングカーの開発が行われるのではないかと期待されたからだが，この翌年にプリンスと合併したことにより，自動的にニッサンはレーシングカーのR380をもつことになり，このフェアレディSにそれ以上のマシンとしての発展は見られなかった。

　その後，フェアレディのもっとも高性能な2000ccエンジンを積んだSR311が登場するのが67年3月である。当時としては思い切って高性能にふったスポーツカーで，たぶんに技術的追求の姿勢が見られるものだった。エンジンはセドリックに搭載されていたH20型OHVをベースにOHCに改造されており，ソレックスのツインキャブを装着し，高速タイプのカムシャフトの採用によって最高出力を稼ぎ，ピーキーな性格をもったものとなっていた。6000rpmで145psという数字は当時としてはきわめてパワーのある，レーシングエンジンそのものであった。しかも，車体重量は930kgと軽量であったから，パワーウエイトレシオがすぐれたもので，最高速は205km/hという驚異的な速さで，0—400mは15.4秒であった。2000ccのクルマとしてはヨーロッパのものを上まわるほどの数値であった。それでいて88万円という価格であった。これはブルーバード310のシャシーを流用したからだ。フロントはダブルウイッシュボーンタイプの独立懸架であったが，リアはリーフスプリングのリジッドアクスルである。このサスペンションはエンジンパワーが上げられたことに対応して強化されていたが，操縦性が優先されることによって，乗り心地は犠牲にされていた。

フェアレディSR311。ブルーバード310のフレームを流用しているので車両寸法はSP310とかわらない。車重は930kgs。

SR311のリアビュー。フェアレディの最終モデルでイタリアンスポーツカーのムードがあった。

SR311のコクピットまわり。最終減速比は3.889とハイギアリングであった。

# 第6章 ダットサン240Zの開発とその特徴

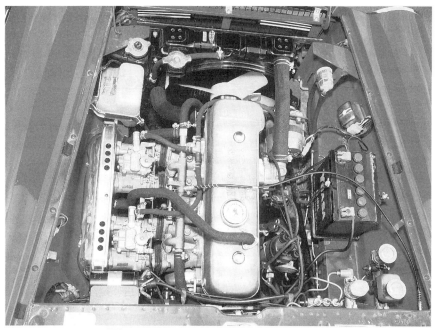

SR311のエンジンはU20型4気筒SOHC1982ccでソレックスキャブ2連のダブルチョークの145ps/6000rpmというハイパワーだった。

　ここまで性能追求されると、スポーツカーとしてはきわめて硬派な性格となり、ドライビングは神経質で、振動も大きく、アイドリングもラフで、そういうところがマニアには好まれたが、ごく普通に乗るにはふさわしいクルマとはいえなかった。もちろん、レースで活躍するにはもってこいのものであった。マニアの間ではエスアールと呼ばれたフェアレディ2000（SR311）のライバルは、日本では同じフェアレディ2000しかなかった。

　しかし、低床フレームを採用しているとはいえ、ブルーバード310のシャシーをベースにしたクルマでは、車両寸法は決められてしまい、サスペンションチューニングも限界があり、これ以上の高性能化を図ることは無理であった。いくらパワーウエイトレシオがよくても、性能追求をすればするほど乗り心地や快適性をスポイルすることになっていった。それを打ち破るためには、やはりこれに変わる新しいスポーツカーを企画するしかないところにきていた。

## ■フェアレディZの誕生の経緯

　たびたび述べてきたように、スポーツカーは会社にとっては利益を生む可能性が少

フェアレディ240の透視図。69年10月のデビュー時にはZ432とS30しかなかったが、翌年に240Zが国内でも発売された。

ないものなので、主流とはなりえない企画として進行することが多い。フェアレディZもその例外ではなかった。

新しいクルマの企画が立てられ、設計が始まり、試作車がつくられても、実際に生産され販売に移されることが正式に決められるには、ニッサンでは企業の最高意志決定機関である常務会の承認が必要であった。その決定によってはじめてオーソライズされ、全社的なレベルでことが進行することになる。

サニーやブルーバードとかセドリックといった会社の重要な車種は、いつモデルチェンジされるかは全社的に関心の的であるから、計画の段階からオーソライズされているといっていい。それだけに、こうした会社のメインとなる車種には強固な枠がはめられており、リスクのともなう計画を推進することはむずかしい。まわりの注目度が高く、失敗することが許されないからだ。

これにひきかえ、スポーツカーの開発では、企画を発進する段階では自由度があり、あるところまでは、その企画を熱心におし進める人たちの思いどおりに展開する側面がある。この新しいスポーツカーの開発プロジェクトも、会社の首脳陣からの提案ではなく、自分たちがほしいと思うクルマ、あるいはあるべきクルマの姿を具現化することに取り組もうとする人たちによって開発が始められたものである。そうした創意と自発性こそが、こうした企画が成功するかどうかのポイントといえるのではないだろうか。

このプロジェクトの全体像をいまの我々には俯瞰的にとらえることができないが、

第 6 章 ダットサン240Zの開発とその特徴

フェアレディZ・S30型。L20型6気筒(130ps/6000rpm)エンジンを搭載したモデル。

こうしたクルマをつくりたいという思いにかられたいくつかの流れが合流することによって、ひとつの明確な方向性ができ、それが結実してフェアレディZになったということができるであろう。もちろん、その流れには主流をなす太いものと小さい流れとあったろうが、水が高いところから低いところに流れるように自然の流れに逆らわずに、フェアレディZにたどりついたのではないだろうか。途中に流れを変える大きな岩や堰があったにしても、流れに勢いがつくことによって、それを乗り越えることができたのである。

　まず、大きな流れである車両設計部の動きをみることにしよう。

　原設計部長がこの計画を立てたのは66年のことで、例によって付けられた秘匿記号は㉂であった。そもそも原は、オープンボディのスポーツカーに疑問をもっていた。クルマを開発する技術者の立場で考えれば、ルーフがないオープンカーはボディ剛性が低くなり、シャシー構造の強化を図らなければならず、そのことによって重量が重くなってしまう欠点がある。アメリカのオープンカーを見ても、フレームが頑丈で相当重いものになっている。オープンにこだわっていては、重量や振動を克服すること、さらには軽快な走りを実現することがむずかしく、将来は自分たちの手にあまるものになるだろうという認識をもっていた。それに、オープンカーの幌の耐久性を確保するための問題があり、実際に従来のフェアレディでは幌が合わないというクレームが多く出されていた。また、衝突や転倒した際の安全性でも、クローズドボディに比較

167

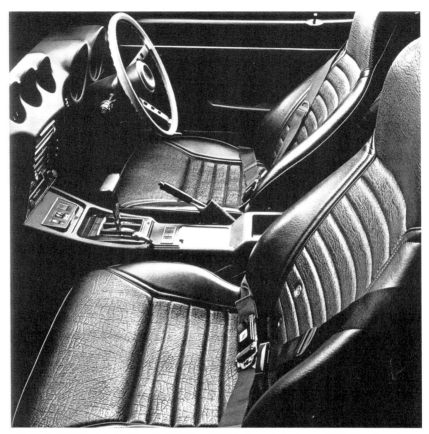

フェアレディ240Zのコクピット。ブルーバード510SSSと同じようにシートやメーターまわりは黒で統一されていた。

して非常に不利であった。

　こうしたことを勘案すると，スポーツカーあるいはスポーツタイプのクルマであっても，立体構造で軽くて剛性のあるクローズドボディのものとして企画する必要があると考え，新しいタイプのスポーツカーの姿を求めるプロジェクトをスタートさせたのである。

　実際の設計は第3設計課で行うことになった。この課は特殊車両などを設計する部署で，ブルーバードやセドリックなどを設計する第1や第2設計課に比較すると地味な部署だった。こうした主力車種の開発は，決められた期間内にやるためには大勢の人たちが，並行していろいろな部品を設計し試作し，さらにそれらを摺り合わせて不具合があれば設計変更することになる。それにより時間は短縮されるが，無駄も多い。

しかし、このプロジェクトにはそうした意味での期限が厳しく決められていなかったので、少人数でシリーズ化して開発が進められることになった。つまり、ひとりが設計する関連部品の数が多く、それらが試作されると、自分でチェックしてその先に進んでいくことになる。そのほうが、各人が全体の進行を摑むことができ、自分の仕事とまわりの仕事との関連がきちんと理解できる利点があったが、それだけ開発に時間がかかる。オーソライズされていない部内の仕事だからできることだった。

　新しいクルマをつくるからには、考えられる範囲で理想のクルマにしたいと原は思っていた。その場合の理想というのは、開発に多くの資金を使い、贅沢な仕様にして、手作りに近い高価なものにするのではなく、合理性を重視し、技術的にすぐれた機能をそなえ、コストをできるだけ抑えながら、全体としてバランスのとれたクルマにすることであった。

　原が設計にあたって開発陣に要求したこと、つまり開発の具体的な目標は次のようなものであった。

①スポーツカーとして十分な性能を発揮できる素地をもつこと。そのためには、
・エンジンは6気筒の比較的パワーのあるものを搭載するものとする。
・車両として慣性モーメントを小さくするために重量をできるだけ中央に集めること。
・車両重量をできるだけ軽くすること。
・剛性の高い車体構造とすること。
・四輪独立懸架とすること。
②乗用車に近い実用性をもつこと。つまり乗り心地や騒音、装備などに配慮する。
③他車種との部品の共用化を図り原価を安く計画すること。

　かなりよくばった内容のものになっているが、それが実現可能であると思っていたからであるのはいうまでもない。当時生産されていたフェアレディ2000とは異なり、乗用車のシャシーを流用することもなく、モノコックボディとして独自に開発するから、車体寸法も自由に決められ、二人乗りにするという贅沢なものであった。が、それだけにまた厳しい技術的な追求がなされなくてはならなかった。

　もうひとつの流れはデザイン部門の中にあった。

　こちらのほうは、そのもとをたどれば設計部で企画が立てられる4年前の62年からデザインが始まっていたといってもいい状況だった。というのは、62年にアドバンスデザインのひとつの方向として、デザイン部門の中のスポーツカーグループがスポーツカーの新しいスタイルを求めて活動を開始したからである。造形課長となった四本は、このときアドバンスデザインのためのグループをつくるつもりであったが、それが会社の認めるところとはならず、それならスポーツカーグループをつくることによって、それを代行する意味をもたせようと考えたのである。

このグループは，量産車種を担当するグループとは異なり，決められた期間がない状態で，周囲からの干渉もほとんどなくデザインを進めることができた。
　その活動の目的は，次期フェアレディのスタイリングの方向づけと，ブルーバード510の基本フォルムを見つけだすことであった。後者の方のデザインについてはすでに見てきたとおりだが，この中からシルビアが世に出され，サニー1000から510へとつながるボクシーな形状でウエッジシェイプのスタイリングのものが出てきており，これがこの頃のニッサンのデザインの主流となっていた。
　スポーツカーのほうも空力を考慮したものであったが，それは空気抵抗を少なくする配慮より，揚力をなくすことによって快適な走行性能を確保する方向で，やはりウエッジシェイプを前面に押し出すスタイリングとなっていた。いくつかこの試作モデルがつくられたが，これらは量産に移されることなく，彼らの将来の糧となるものであった。
　64年5月からブルーバード510のデザインが始まったことによって，このスポーツカーグループは解散し，65年11月からフェアレディZのデザインが具体的にスタートしている。
　この初期にはデザイン部門の独自のスタイリング追求ということで，新しいスポーツカーがオープンなのかクローズドなのか決めないでデザインを進行させている。しかし，当時はスポーツカーというのは，オープンボディに決まっているから屋根を付けたのでは違うカテゴリーのクルマになるという意見が大勢を占めていた。そこで，必ずしもスポーツカーにこだわらず，スペシャリティカーとしてデザインしてみようという意見もあった。アメリカでは，それまでの乗用車とは違うムードのフォードムスタングが発表されて好評を博しており，スポーティなクルマに対する関心が高まっており，スペシャリティカーにするという方向はかなり有力なものであった。
　どういうものにすべきかについては，デザイン部門の内で真剣に議論されたという。それぞれの方向性をもったものを実際にスケッチとして描き，クレイモデルをつくることで，さらに検討が加えられた。
　初めのうちは，オープンカーからクローズドボディのスポーツカー，さらにはスペシャリティカーとかなり数多くのモデルが製作された。ひとつのクルマのデザインでこれほどの数のモデルをつくることは珍しいことであったが，これはデザイン部門の年間予算内で独自の裁量により行われていた。
　試行錯誤を繰り返しながら，次第に方向が定まってきた。アメリカの厳しくなる将来の安全基準を満たすためには，オープンボディではむずかしいことがはっきりするようになり，また車体設計部のほうでは最初からクローズドボディで計画が進められており，デザイン部門でも屋根付きのスポーツカーのデザインに絞られてきた。その

第6章 ダットサン240Zの開発とその特徴

フルサイズのクレイモデル。上段のスペシャリティカーや中段のオープンモデルも検討された。下段のモデルが最終クレイモデル。

車両の大まかな寸法が決められ，それに基づいた木枠にクレイが盛られていく。

作成中のフルサイズのクレイモデル。フロントグリルが強調されたスペシャリティカー。

第 6 章 ダットサン240Zの開発とその特徴

最終クレイモデルを仕上げる。この段階ではまだ寸法は実際のフェアレディZよりひとまわり小さいものだった。

当時のデザインスタジオに立つスポーツカーグループのデザイナー(左から3人目が松尾)。左側に塗装された最終モデルがあり、反対側にはスペシャリティカーモデルが見える。

中から出てきたのが，ヘッドライトがノーズの前面ではなく，やや引っ込んだ位置に埋め込まれたモデルであった。これが結果としてこのモデルの大きなスタイリング上の特徴になるが，これによって，それまで模索された方向が明確になり，デザインも一挙に進むことになった。

もうひとつの流れはアメリカからのものであった。

設立されたアメリカニッサンの社長となった片山豊は，オーストラリア一周ラリーのところで見たようにクルマ好きの典型的な人物で，とくにスポーツカーに目がなかった。幸いにしてアメリカではフェアレディの売れ行きがよく，スポーツカーの市場は日本と比べものにならないほど大きかった。しかし，エンジンパワーを上げていくことで硬派的要素を強めていくフェアレディでは，さらに多くの販売台数を期待するわけにはいかなくなっていた。

アメリカでのクルマの使われ方は日本とは異なり，スポーツカーが特別なクルマという考えはなく，しゃれた要素が加わったごく普通に使用されるものという受けとめられ方をしていた。したがって，通勤や日常の足として使うこともできるスポーツカーにすることが，成功の大きな要素であるというのが片山の考えであった。実際にその頃のフェアレディでもオーナーの20％ほどは女性であり，彼女たちに支持されることが次のクルマにとっても不可欠であった。

こうしたアメリカからの要望は，片山からのメッセージとしてニッサンの設計部やデザインのスポーツグループなどに届けられた。

## ■常務会での承認

企画が進み，デザインの方向が見い出され，新しいスポーツカーの試作が始まった。それでも原第一設計部長からの提案がまだ常務会に出されていなかったので，このプロジェクトはその先に進むわけにはいかなくなってきた。川又社長は，日頃から〝スポーツカーは道楽仕事である″と公言しており，その開発にあまり熱意がないのを原は知っていたから，どうすれば認知されるか，その説得方法を考え，そのタイミングをはかっていたが，名案が浮かばないまま時が経っていった。

そんなときに合併したプリンスがつくったレーシングカーのR380のスピード記録会が谷田部のテストコースで行われた。これはFIAの公認で2000ccクラスのクルマによる世界一のスピード記録を達成したもので，その樹立が大々的に報道され，大きな反響を呼んだ。ニッサンでも，国際ラリーで優勝したときと同じように，これをキャンペーンして，技術の優秀さをアピールした。

このマシンに積まれたエンジンはプリンスが開発したS20型の4バルブDOHCで，その高性能ぶりはよく知られていた。現在ではこうしたメカニズムをもつエンジンは

第6章 ダットサン240Zの開発とその特徴

フェアレディZの空力をイメージしたイラスト。

4分の1クレイモデルによる風洞テスト。ボディに糸をつけて空気の流れを読みとる方式であったが、その解析は今日と比較すると問題もあったようだ。

珍しくないが、当時にあってはきわめて精巧で高度なものという印象が強かった。

　この優秀なエンジンを市販車に搭載しない法はないと、ニッサンの首脳陣が考えたのは当然のことである。このときには、スカイラインGTRの計画が進行しており、このエンジンがこれに積まれて発売されることになっていた。しかし、川又はこうした高性能エンジンがいくらスポーティなものとはいえ普通のセダンに最初に使用されるのは好ましくないと考えたのである。ニッサンにはフェアレディというれっきとしたスポーツカーがあるのだから、まずこれに搭載するのが常道であるという主張だった。

175

原はこれを新しいモデルの承認を得るための機会としてとらえたのである。というのは，フェアレディSRは車体が小さく，このＳ20型の６気筒エンジンをそのボディに納めるのはかなり困難であった。重量バランスがくずれて，そのハイパワーを生かすどころか，危険なクルマになりかねなかった。それなら，新しい企画のクルマの方がいいに決まっており，そういう方向で承認を取り付けようとしたのである。
　まず，旧来のフェアレディにＳ20型エンジンを押し込んだモデルをつくった。それは無理に全長を伸ばしたためにバランスが悪く，スタイリングのよくないものになっており，"ダックスフント"のような感じのものに見えたという。その隣りに幌をかぶせて例の新しいモデルを用意して，常務会に臨んだ。原の思惑どおりであった。だれが見ても新しいモデルの方が様になっていたから，その承認を取り付けること自体は問題なかった。
　しかし，その席でも，その後も多くの疑問が出された。この新しいスポーツカーは，ロングノーズのいかにも精悍で高級スポーツカーという印象を与えるクルマになっていたから，コストがかかり採算が採れないのではないかという懸念を払拭することがむずかしかったのである。原が企画の段階からコストをかけずに，共用パーツを使うことなどの努力をして，そうした懸念がないことを説明しても，首脳陣は容易に納得してくれなかった。
　このモデルが高価なものに見えたということは，その狙いが成功していることを意味した。
　このクルマのデザインチーフをつとめた松尾良彦は，アメリカニッサンの片山社長と連絡をとりながらデザインを進めていった。片山と同じようにスポーツカーの好きな松尾は，片山と意気投合することが多く，その意見を聞くたびに，このモデルがクルマの好きな人たちに支持されるという自信を深めていった。企画の段階から自らの考えを主張し，そのデザインの方向に迷いはなかったという。２ドアで２シートというスポーツカーとして思い切りのよい規格にすることは，それだけ部品点数が少なくてすみ，設計の狙いであるコストの削減の方針に沿うものであり，スタイルでイメージを上げることができれば，十分に市場に受け入れられるものになると考えていた。
　ただし，これからのアメリカの動向を考慮すれば，安全基準をクリアすることが，デザインを進める上での重要な要素であるという認識をもっていた。ヘッドライトの位置は地上から600㎜以上でなければならないという基準を満たすためにも，その位置はフェンダーの途中に埋め込む必要があった。それをデザインとして生かすことができ，ラジエターグリルをなくすことによって，当時の高級スポーツカーと同列に見られるようなスタイルになっている。
　初めのうちは４気筒エンジンを積むことを考え，実際に誕生したものよりひとまわ

第6章 ダットサン240Zの開発とその特徴

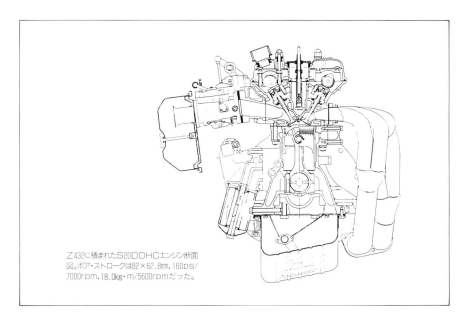

Z432に積まれたS20DOHCエンジン断面図。ボア・ストロークは82×62.8mm、160ps/7000rpm、18.0kg・m/5600rpmだった。

り小さい寸法でデザインしていたが、企画が煮詰まってくる段階で、6気筒エンジンが搭載されることになり、アメリカ人が乗ることを前提にし、全体に大きいサイズになった。それが高級感を出すことに寄与しており、クローズドボディにすることによって、高級GTカーのムードをもつクルマになった。アストンマーチンDB4やジャガーEタイプを思い浮かばせるスタイルであった。また、フェラーリにも似ている感じがあることから、発表されてから"アングロ-イタリアンスタイル"とアメリカの雑誌で評されたりした。

　クルマの企画や基本性能の配置がすぐれていること、時間的余裕があること、デザインに自由度があること、これがこのクルマのデザインが成功した理由であるというのが、デザインを指揮した四本の考えである。このデザインには2年ほどの期間を費やし、その間につくったモデルの数も他のクルマのデザインよりはるかに多かった。

　アメリカをターゲットにしているので、発売前に試作車をもってその反応を見るために原たちがアメリカに行き、事前デモンストレーションを行った。多くのジャーナリストが関心を示し、その評価はなかなかのものであった。彼らがまだ公表されないこのクルマの価格を予想していた。原を喜ばせたのは、そこで記者たちの口から出た価格の予想が、いずれも実際に考えられている数字よりはるかに高いものになっていることだった。高級GTカーのイメージがあるから、その評価は当然といえたが、ジャーナリストの反応を見て、価格は急遽上方修正させたが、それでも価格を発表すれば、

その安さに驚くに違いないと思った。

Zの由来は，秘匿記号の㋿からフェアレディZと名付けられたという説と，究極を意味するものとしてZにしたという説，さらにはアメリカ市場におけるニッサンの興亡はこのスポーツカーの成否にかかっていると，日露戦争の故事にちなんでZ旗を上げるという意味のZであるという説などがあり，いずれも正しいのかもしれないが，それまでのフェアレディと区別されるためにZが付けられることになった。

日本で発売されたときは，L20型エンジンとS20型エンジンと2種類のグレードがあり，後者はZ432と呼ばれて高性能スポーツカーのイメージが強かった。アメリカでは最初から6気筒2400ccのL24型エンジンが積まれ，フェアレディZという呼び方はされずにダットサン240Zと称された。このエンジンは510SSSに積まれたL16型とボア・ストロークが同じで，2気筒分大きくなったもので，ピストンやコンロッドなどは共通で，アメリカにおける部品の調達の容易さも考慮されていた。日本でも，デビューの翌年10月にこの240Zが発売されるようになり，これが定着することになった。ラリーやレースで活躍するのも2000ccモデルではなく，240Zであり，さらにこれが排気量アップされて260Zとなったモデルである。なお，アメリカにはDOHCのZ432は排気規制の関係もあって，最初から輸出されなかった。

## ■フェアレディZの機構の概要

モノコック構造にしたのは，軽量化を重視するとともに車体の剛性を確保するため

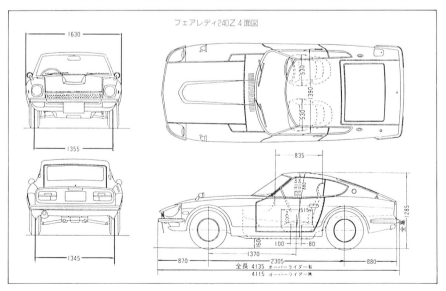

フェアレディ240Z 4面図

## ダットサン240Z主要諸元表

| 類 別 | | | HS30S | 類 別 | | | HS30S |
|---|---|---|---|---|---|---|---|
| | 長 | さ | 4115mm(オーバーライダー無) | 燃料装置 | 燃料ろ過形式 | | ろ紙式 |
| | 幅 | | 1630mm | | 型 | 式 | HJG46W-8 |
| | 高 | さ | 1285mm | | ガス弁径 | | 46mm |
| | ホイールベース | | 2305mm | | 空気弁形式 | | ノズルドロップ式 |
| | トレッド | | 前輪1355mm, 後輪1345mm | 電気装置 | 電 | 圧 | 12V(-)アース式 |
| 室内内側寸法 | 長 | さ | 835mm | | 点火時期 | | BTDC10° /650rpm |
| | 幅 | | 1390mm | | 点火プラグ | 型 式 | BP-6E, L46P |
| | 高 | さ | 1075mm | | | ね じ | M14×1.25 |
| | 原動機の型式 | | L24 | | 点火すきま | | 0.8mm〜0.9mm |
| | 総排気量 | | 2,393cc | | 蓄電池容量 | | 35Ah |
| 車両重量 | 前 | 軸 | 515kg | 充電発電装置 | 形 | 式 | 交流式 |
| | 後 | 軸 | 470kg | | 出 | 力 | 12V-50A |
| | 計 | | 985kg | | 電圧電流調整器形式 | | チリル式 |
| 乗車定員 | | | 2人 | 動始機電 | 形 | 式 | マグネットシフト式 |
| 車両総重量 | 前 | 軸 | 560kg | | 出 | 力 | 12V-1KW |
| | 後 | 軸 | 535kg | | 電波雑音防止装置形式 | | 抵抗線式 |
| | 計 | | 1095kg | 動力伝達装置 | 機関から変速機までの減速比 | | 1.000 |
| | 最大安定傾角度左右とも | | 50° | | 形 | 式 | 乾単板ダイヤフラム |
| | タイヤ前後輪とも | | 6.45H14-4PRまたは175HR14 | クラッチ | 操作方式 | | 油圧式 |
| 寸法 | 最低地上高 | | 160mm | | フェーシング | 寸 法 | 225×150×3.5mm |
| | ボディオーバーハング | 前 端 | 850mm | | | 面 積 | 221㎠ |
| | | 後 端 | 880mm | 変速機 | 形 | 式 | 手動変速機 |
| | 重心の高さ | | 450mm | | 操作方式 | | フロアチェンジ式 |
| 性能 | 最高速度（推定） | | 205km/h | | 変速比 | 1 速 | 2.957 |
| | 燃料消費率（60km/h時） | | 14.5km/ℓ | | | 2 速 | 1.858 |
| | 制動停止距離（50km/h） | | 13.0m | | | 3 速 | 1.311 |
| | 駐車制動能力 (tanθ) | | tanθ=0.33 | | | 4 速 | 1.000 |
| | 登坂能力 (tanθ) | | tanθ=0.46 | | | 5 速 | 0.852 |
| | 最小回転半径 | | 4.8（車体5.2）m | | | 後 退 | 2.922 |
| | シリンダー数及び配置 | | 直6・縦置き | プロペラシャフト | 長さ・外径・内径 | | 555×63.5×60.3mm |
| | 燃焼室形式 | | ウェッジ形 | | 自在継手 | 形 式 | 十字式 |
| | 弁機構 | | SOHCチェーン駆動 | | | 数 | 2 |
| | 内径×行程 | | 83×73.7mm | 減速機 | 歯車形式 | | ハイポイド歯車 |
| 原動機 | 圧縮比 | | 8.8 | | 減速比 | | 3.900 |
| | 圧縮圧力 | | 12.0kg/㎠300rpm | 走行装置 | 前車軸 | 形 式 | ストラット式 |
| | 最高出力 | | 150ps/5600rpm | | | トーイン | 2mm〜5mm |
| | 最大トルク | | 21.0kgm/4800rpm | | | キャンバー | 0° 50′ |
| | 燃料消費率 | | 220g/ps·h(2800rpm)(全負荷) | | | キャスター | 2° 55′ |
| | 寸法 長×幅×高 | | 856×638×653mm | | | キングピン角度 | 12° 10′ |
| | 重量（整備） | | 185kg | | 後車軸 | 形 式 | ボールスプライン式 |
| | 弁開閉時期 | 吸気 | 開き 上死点前16° | | | トーイン | 0 |
| | | | 閉じ 下死点後52° | | | キャンバー | +48′ |
| | | 排気 | 開き 下死点前54° | | タイヤのリム | 前 輪 | 5-J×14 |
| | | | 閉じ 上死点後14° | | | 後 輪 | 5-J×14 |
| | 弁すきま | 吸 気 | 0.25（温間）mm | | 空気圧 前後輪とも | | 1.7, 2.0（ラジアル）kg/㎠ |
| 動機 | | 排 気 | 0.30（温間）mm | ステアリング | ハンドル | 外 径 | 380mm |
| | 無負荷回転速度 | | 650rpm | | | 最大回転数 | 2.7 |
| | ブローバイガス還元装置形式 | | クローズド式 | | 軸及び継手形式 | | コラプシブル式 |
| | 潤滑装置 | 潤滑方式 | 圧送式 | | ステアリング形式 | | ラック&ピニオン式 |
| | | 油ポンプ形式 | トロコイド式 | | かじ取り角度 | 内 側 | 33° |
| | | 油ろ過器形式 | 全流ろ紙式 | | | 外 側 | 31° |
| | | 潤滑油容量 | 4.7ℓ | 制動装置 | 制動倍力装置 | 形 式 | 真空倍力式 |
| | 冷却装置 | 放熱器形式 | コルゲート形（加圧密封式） | | | 倍 率 | 3.2（面積 19kg） |
| | | 冷却水容量 | 8.0ℓ | | 制動力（踏力27kg） | | 690kg/0.6g |
| | | 水ポンプ形式 | 遠心式 | | 制動力制御装置方式 | | プロポーショニング装置 |
| | | サーモスタット形式 | ワックス式 | サスペンション | 前輪 | 懸架方式 | 独立懸架, ストラット式 |
| | 空気清浄器 | 形 式 | ろ紙式 | | | ばね形式 | コイルばね |
| | | 数 | 1 | | 後輪 | 懸架方式 | 独立懸架, ストラット式 |
| 燃料装置 | 燃料タンク | 容 量 | 60ℓ | | | ばね形式 | コイルばね |
| | | 位 置 | 荷物室床下 | | 主ばね寸法（mm） | | 11.4×100×390.5-9.15 |
| | 燃料パイプの材質 | | 鋼管・ゴム | | ショックアブソーバー形式 | | 筒形複動形（前後とも） |
| | 燃料ポンプ形式 | | ダイヤフラム式 | | スタビライザー形式 | 前 輪 | トーションバー式 |

にも当然の選択であった。剛性を高めるためにフロアのトンネル部分を太くして強度メンバーの役目をさせ、この部分に排気管や配線などを通している。2人乗りなのでこのトンネル部分が室内に飛び出していても居住性を悪化させることにはならず、これとサイドシルでボディの曲げ剛性を高める助けとなり、要所要所に配したメンバーとともに、軽くて強いボディにする努力がなされている。また、このトンネルを設けることによって、フロアの位置を低く、フラットにすることが可能となり、空力的にも有利になっている。フロアの位置を下げることによって、ボディ全体を低く抑えながら、乗降性の悪化を防いでいる。さらに、応力をできるだけ内板で受けるようにしたために、外板は複雑な成形や曲面を必要とせず量産性が高められ、コストダウンに貢献している。

ボディスタイルはいわゆるファーストバッククーペで、長いノーズが特徴である。これはそこに納められたエンジンのパワーを強調し、くさび形になっていることで空気を切り裂く感じになり、精悍なイメージを与えている。また、ロングノーズになっていることで、クラッシャブルゾーンとしての安全性を高めてもいる。

リアはテール部分をカットすることによって揚力を抑えており、それ以前のスポーツカーより進んだ、この時代のトレンドともいうべきスタイルになっている。フロントのウインドスクリーンの傾斜は大きく、ウエッジシェイプを強調するとともに、空気の流れをスムーズにするために面の変化をできるだけ少なくしながら、流麗なスタイルに仕上げられた。

全長は4115mm、全幅は1630mm、ホイルベースは2305mmと近年の感覚から見れば決して大きくはない。全高は1285mmである。車両重量はZ432のほうは1000kgを越えているが、S30型は985kgと軽量で、設計コンセプトが十分に達成された値になっている。

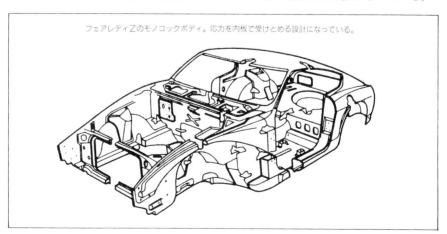

フェアレディZのモノコックボディ。応力を内板で受けとめる設計になっている。

# 第6章 ダットサン240Zの開発とその特徴

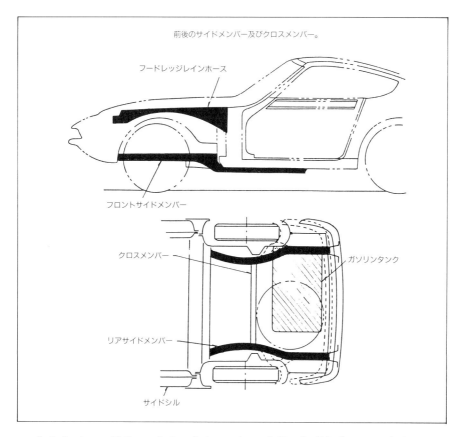

サスペンションはフロントのマクファーソンストラット式はブルーバードやローレルに採用されたものと同じで、急速に普及してきた形式である。しかも、サイズ的にもローレルと同じで、部品の共用化によるコストダウンにつながっている。各アーム類の取り付け部にはラバーブッシュが用いられており、その形状やかたさは耐久性と操縦安定性、乗り心地との兼ね合いで決められている。

リアサスペンションは、ブルーバードやローレルはごく一般的といえるセミトレーリング式であったが、フロントと同じストラットタイプというあまり例のない方式が採用されている。これは、軽量でシンプルなものでありながら、前後のバランスがとりやすいという判断から採用に踏み切ったという。この形式にすると、フロアを低くすることが容易で、フロアの全面をフラットにすることができて空力的に有利となる。

また、ホイールの上下動にともなうキャンバー変化が少なく、車体中心線とトランスバースリンクの回転軸が平行であるためトー変化がないことになり、コーナリング

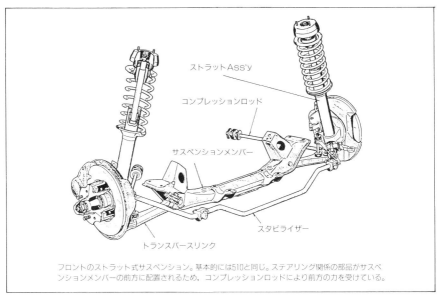

フロントのストラット式サスペンション。基本的には510と同じ。ステアリング関係の部品がサスペンションメンバーの前方に配置されるため、コンプレッションロッドにより前方の力を受けている。

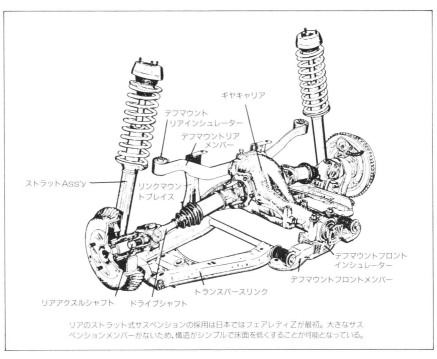

リアのストラット式サスペンションの採用は日本ではフェアレディZが最初。大きなサスペンションメンバーがないため、構造がシンプルで床面を低くすることが可能となっている。

第6章 ダットサン240Zの開発とその特徴

時のリアアクスルステアの傾向が現れにくいことになり、操縦性がよくなるという読みもあった。ストラットの構造はブルーバードやローレルと同じであるが、ピストンロッド径は太くなっており、横剛性が強められている。コイルスプリングはZ432ではばね定数が高められており、スタビライザーもフロントにはどの仕様のものにも付けられていたが、リアはこれのみ装着されている。

デフは前後にこれを固定するためのメンバーがあり、ボディに取り付けられている部分にはラバーブッシュが挿入されて、デフの振動をボディに伝えないように配慮されている。また、発進時などのデフの突き上げを防ぐためにボディのトンネル部の左右のブラケット間にゴムのベルトがかけられている。デフに関しては開発の過程で、その油温が高くなり、その対策に頭を痛めたという。車体に固定されたデフは、フロアを低くしてあるため、ボディ下部の空気の流れがよくないことが原因で冷却不足を起こしたようだ。フロアの形状や導風板を付けたりして対策したが、なかなか思うように温度が下がらなかった。オイルシールなどにゴムやプラスチック系の材料が使われていたので、耐久性の心配があったが、これは市場に出てからはまったく問題にならなかった。

ブレーキはフロントがディスクで、リアがリーディングトレーリングのドラム式となっている。また、ハンドブレーキは後輪に作用する機械式であるが、アメリカの安全基準を満たす性能になっており、非常用としても使用できるものである。

ステアリングはラック＆ピニオン式で、ステアリングギヤからサイドロッドまでは

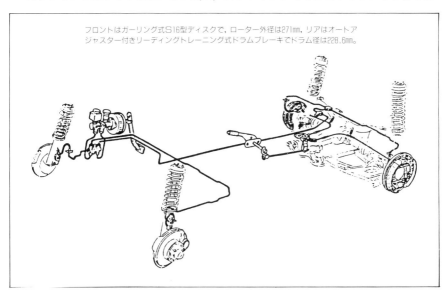

フロントはガーリング式S16型ディスクで、ローター外径は271mm。リアはオートアジャスター付きリーディングトレーニング式ドラムブレーキでドラム径は228.6mm。

前輪用ディスクブレーキ。自動調整装置付き。

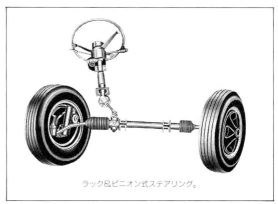

ラック&ピニオン式ステアリング。

ローレルとまったく共通になっている。ギヤレシオも変わらないが，サイドロッドから先のナックルアームの長さが異なり，ローレルに比較してロックツーロックでは，こちらのほうが，ハンドルの切れはシャープになっている。ステアリングホイールはスポーツムードを出すためにウッドリムになっており，ステアリングシャフトは2分割されていて，衝突時にショックを吸収するようになっている。

　ホイールは前後とも14インチで，注目されるのはZ432には神戸製鋼製のマグネ合金のものが装着されていることだ。リム幅は5.5Jが標準であるが，8Jまでの幅広リムが取り付けられるようになっている。当時は標準装備のホイールの多くが鋳鉄製で，軽合金のホイールを付けることが流行し，ばね下重量の軽減を図ると同時にファッション性が重視されていた。

　パワーユニットはSOHCの標準タイプとDOHCのスペシャルタイプと2種類ある。当時のDOHCエンジンは量産車用という受け取られ方はされず，あくまでもマニアやレース向けの特別なもので，パワーはあるが，必ずしも扱いよいものではなかった。このスカイラインGTRと共通のS20型エンジンは，ボア・ストロークが82×62.8mmで1989cc，圧縮比が9.5，ツインチョークのソレックスキャブが3個付き，最大出力が160ps/7000rpm，最大トルクが18.0kg・m/5600rpmと当時としてはたいへん高性能であった。このZ432という名称は4バルブ，3キャブ，2カムシャフトを意味するものであった。GTRからの移植にあたっては，オイルパンや各種のポンプ類，排気管，エアクリーナーなどが変えられている。

　もうひとつのL型は2000ccはセドリックと同じものであるが，この前年に改良が加えられており，燃焼室形状やキャブレターなどが新設計されている。圧縮比もピストンの頭頂部を盛り上げて9.5に高められており，ヘッド側の加工修正も行われている。これによって最高出力が130ps/6000rpm，最大トルクが17.5kg・m/4400rpmとなって

第6章 ダットサン240Zの開発とその特徴

フェアレディ240Zに搭載されているL24型エンジン。ノーマルでは150psであった。

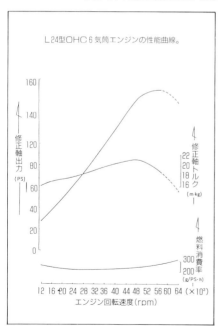

L24型OHC 6気筒エンジンの性能曲線。

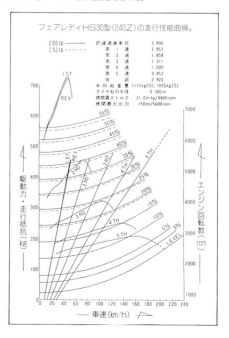

フェアレディHS30型(240Z)の走行性能曲線。

いる。またダットサン510SSSと多くの共通パーツをもつL24型エンジンでは，最高出力が150ps/5600rpm，最大トルクが21.0kg・m/4800rpmとトルクではS20型を上まわっているのがわかる。このL24型のボア・ストロークは83×73.7mmである。

ギヤボックスは240Zでは5速フルシンクロのポルシェタイプである。プロペラシャフトは基本的にはローレルと共通のもので，ファイナルレシオは当然のことながら搭載されるエンジンによって異なったものになっている。

Z432の最高速度は210km/hで，0-400mは15.8秒である。ちなみに同じDOHC4バルブのトヨタ2000GTは220km/hで15.9秒と，ほぼ似たような性能を示している。また，販売価格はZ432が185万円，L20型のZが93万円から108万円となっている。この発売は69年10月に開始されたが，このときにはそれまでのオープンボディのSR311型も併売されている。これはクローズドボディのZが不人気である場合にそなえての措置であった。しかし，Zの人気は高く，SRの方はすぐに販売中止された。また，後に発売された240Zの5速MT車は115万円，同じく240ZGは150万円という価格であった。

■ラリーのためのチューニング

当初はZ432がレース用として使用されたが，すぐにトルクの大きいL24型のダットサン240Zがこれにとってかわり，国際ラリーだけでなく，国内で行われるレースでもZ432は姿を見せなくなった。ニッサンのワークス活動としては，ラリーに力を入れた

72年富士グランドチャンピオンレースに出場したダットサン240Z。

といっていいが、レーシングカーの開発もラリー仕様の240Zの性能向上に役立っており、そのテストの場としての意味もあった。70年代に入って、サファリラリーだけでなく、モンテカルロラリーにも力を入れるようになり、レースで求められる高速性能

72年マレーシアGPに出場したダットサン240Z(ドライバーは高橋国光)。

73年モンテカルロラリーに出場したダットサン240Z。

71年サファリラリーに出場した240Zのエンジンルーム。手前にあるのがエアボックス。

### ラリー用240Zエンジンの主要諸元

| 項目 | 71年モンテカルロサファリ | 72年モンテカルロ | 72年サファリ | 73年モンテカルロ | 73年サファリ | 73年RAC |
|---|---|---|---|---|---|---|
| 型　　　式 | SOHC | ← | ← | ← | ← | SOHCクロスフロー |
| 総 排 気 量 | 2393cc | ← | ← | 2498cc | ← | ← |
| ボア×ストローク | 83×73.7㎜ | ← | ← | 84.8×73.7㎜ | ← | ← |
| 圧 縮 比 | 11.0 | ← | 10.5 | 11.0 | 10.5 | 11.0 |
| 最高出力最大トルク許容回転数 | 200ps 24.5kg㎡ 7,000rpm | 220ps ← ← | 215ps | 230ps 25.5 7,500rpm | 225ps ← ← | 250ps 8,000rpm |
| クランクシャフトコンロッドピストンフライホイール | 標準品 L16オプション L24オプション 標準軽量化 | } | | L24オプション L24オプション 84.8φ L24オプション | } | ← ← ドーム型 (84.8φ) |
| カムシャフトバルブダイア | 吸排とも296° 吸気42φ 排気33φ | | | 吸気280° 排気288° 吸気42φ 排気35φ | | 吸排とも296° 吸気44φ 排気36φ |
| 燃料供給装置エアクリーナー | Solex44PHH エアボックス | ← エアホーン | ← エアクリーナー | 電子燃料噴射 エアホーン | Solex44PHH エアクリーナー | 電子燃料噴射 エアホーン |
| 排気マニホールド | L24オプション | ← | ← | ← | ← | ← |
| オイルパン | 標準改造品 | ← | ← | ← | ← | アルミ製レース用 |

が，それまで以上に求められるようになってきたという事情があった。このふたつの国際ラリーで活躍した240Zを中心にチューニングの概要をみることにしたい。

①エンジン関係

このL24型エンジンはボア・ストロークがブルーバード510SSSのL16型と同じであるから，これにかわってイベントに出場し始めたころは，ピストンやコンロッドなどの部品の多くはそのまま流用された。それでも6気筒になり，排気量が大きくなったために十分なトルクをもち，耐久性も確認されているという強みがあった。もちろん，パワーアップは信頼性の確保との兼ね合いをとりながら徐々に行われ，吸排気系を中心にその効率が高められた。

強力なトルクを発生させながら，最高出力は200psを超えるのにはそれほどの時間を要さず，たちまちのうちにヨーロッパの高性能なラリーカーに負けないだけのパワーを誇るようになっていく。しかし，エンジン回転が7000rpmに達したあたりから，クランクシャフトの折損，クラッチトラブルなどの問題が起こってきた。これは，6気筒にしたためにクランクシャフトが長くなり，そのねじれ振動によるもので，この先のパワーアップは，きめの細かい対応が求められるようになった。

72年に入ってから，ライバルであるポルシェやエスコートが排気量の増大による出力の向上を図るようになったのに対応して，さらに性能アップが図られた。そのために，ボアがそれまでの83mmから84.8mmに広げられて，排気量は2498ccに拡大された。これは車両競技規則の上限ぎりぎりである。まずレースで使用され，ラリーで最初に用いられたのは，73年のモンテカルロラリーからである。このエンジンは高速型にした場合は8000rpmまで許容回転が上げられており，耐久性が重視されるサファリラリーでも7500rpmが許容回転範囲になっている。また，従来はレースでもラリーでも共通のカムシャフトが用いられていたが，高速型と中低速域型と2種類が使い分けられるようになっている。これによって，レース用エンジンでは250ps以上のハイパワーが可能となり，SOHCエンジンでありながらリッター当たり100psを超えたことになる。

そのラリーの特性の違いで，圧縮比はモンテカルロラリーでは11.0，サファリラリーでは10.5になっている。しかし，両者の違いは小さく，サファリラリー用にエアクリーナーのエレメントの交換が容易なように，また防水や防塵対策を兼ねたボックス型のエアクリーナーを付けている程度であるという。

さらに，レースでは70年頃から開発を始めた電子制御の燃料噴射装置が，73年のモンテカルロラリーで実戦に投入された。しかし，その信頼性の確保にはまだ問題があり，開発が続けられていく必要があった。このラリーでは複雑な燃料配管が災いして，それまで上位を走っていたアルトーネン車は，好成績を上げることができずに終わっている。また，このラリーではレース用にチューニングされた260psのハイパワーエン

ジンを搭載したラリーカーのテストが行われたが，雪道では使いやすいとはいえず，結局は従来からのこれより30ps低いパワーのエンジンでラリーを走っている。

L24型エンジン搭載車は，73年の世界選手権の最後のラリーであるイギリスのRACラリーが最後のワークス出場となった。さらに高出力をめざして，このラリーではいくつかの技術的トライが行われていた。そのひとつが，クロスフローヘッドの採用である。このエンジンはウエッジタイプの燃焼室をもつために，吸気排気はターンフロータイプであったが，効率を上げるためにヘッドが改良されたのである。さらに，信頼性を増しつつあった電子制御燃料噴射装置を装備し，CDI点火装置となり，ラリー仕様としては250psまで性能向上が図られた。

この後は，排気対策が緊急を要する問題となり，エンジン出力の向上はむずかしくなり，フェアレディZの主力エンジンは排気対策も考えられてL26型になっていく。

②パワートレイン関係

クラッチは乾式単板油圧操作式であるが，このクラッチカバーは出力の増大に合わせて圧力の増加が図られている。サファリラリーの泥水がクラッチハウジング内に入り込み，クラッチレリースベアリングの機能が停止するトラブルに見舞われた。そのため，クラッチカバーのダイヤフラムスプリングを磨耗させ，クラッチが効かなくなってしまった経験を生かして，その後，特殊レリースベアリングの開発が続けられた。開発されたものは，通常はボールベアリングがレリースベアリングとして働き，これに異常が生じたときには特殊レリースベアリングが働くようになっているものである。

トランスミッションは5速のサーボシンクロ型が採用されており，過去の経験から豊富な各段のギヤが用意されている。73年から5速目を直結することにより，2，3速を多用するコーナーの多いラリーコースでは，これを同列にしたパターンにして，ドライバーがシフトしやすいように改善され，同時に推進軸の最高回転速度の低下が図

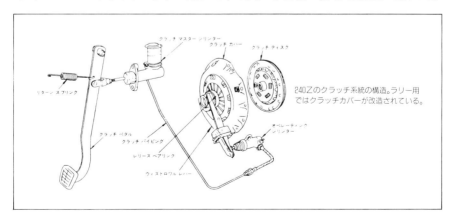

240Zのクラッチ系統の構造。ラリー用ではクラッチカバーが改造されている。

ラリー用240Zトランスミッション変速比（標準仕様との比較）

| 項目\仕様 | HS30<br>70～72標準 | HS30<br>70～72ラリー仕様 | HS30<br>73以降標準 | HS30 RS30<br>73以降ラリー仕様 |
|---|---|---|---|---|
| 型　式 | FS5C71A | ← | FS5C71B | F5C71B |
| 変速比1速 | 2.957 | 2.678 | 2.906 | 3.321 |
| 2速 | 1.858 | 1.704 | 1.902 | 2.270 |
| 3速 | 1.311 | 1.262 | 1.308 | 1.601 |
| 4速 | 1.000 | 1.000 | 1.000 | 1.240 |
| 5速 | 0.852 | 0.852 | 0.864 | 1.000 |
| 後退 | 2.922 | 2.922 | 3.382 | 3.382 |
| シンクロ方式 | サーボ | ← | ← | ← |
| 油量（ℓ） | 1.5 | ← | 1.94 | ← |
| シフトパターン | 1 3 5<br>2 4 R | 1 3 5<br>2 4 R | 1 3 5<br>2 4 R | R 2 4<br>1 3 5 |

ラリー用240Zサスペンション主要諸元

| 項目 | 車両仕様 | HS30 標準 | サファリ仕様 | モンテカルロ仕様 |
|---|---|---|---|---|
| バネ定数（kg/mm） | フロント | 1.49 | 2.5 | ← |
| | リア | 1.85 | 3.0 | ← |
| スタビライザー径（φmm） | フロント | 18φ | ← | ← |
| | リア | 無 | | 22φ |
| ストラット減力（0.3m/s用）（kg） | フロント（伸/圧） | 35/20 | 180/110 | 180/110 |
| | リア（伸/圧） | 80/20 | 210/120 | 210/120 |
| フロントサスペンションアライメント | キャンバー | 30′ | -30′ | -1°30′ |
| | キャスター | 3° | 3°20′ | 3°20′ |
| | トーイン | 0～3mm | 12.5mm | 12.5mm |
| リアサスペンションアライメント | トーイン | 0 | 0 | 0 |
| | キャンバー | 30′ | -30′ | -1°30′ |
| 最低地上高 | | 160mm | 180mm | 140mm |

られた。また，サーボシンクロ内のカップリングスリーブの磨耗を防ぐためにタフトライド処理を施すなどして耐久性の向上が図られるとともに，素早いシフト操作が可能となったという。

　FR方式のフェアレディでは，プロペラシャフトの脱落を防止するための機構が取り付けられている。この脱落事故は減多にないものだが，もし起こると大事故につながるので万全を期している。

　デフにはノンスリップデフが組み込まれており，滑りやすい路面のトラクションの確保が図られている。この装置は，左右の減速ギヤケースと差動装置ケースとを2組のフリクションクラッチでつないだ構造になっている。しかし，この装置では，片輪の駆動力が伝えられない路面では総駆動力はゼロになり，脱出できないことになる。そのため，フリクションクラッチに皿ばねを使用してイニシャルトルクを与えることで駆動力を確保する方法をとっている。これで，サファリラリーのマッドコースやモンテの雪道の走行に威力を発揮することができたという。

　また，高速走行時にデフ内の油温の上昇で潤滑不良が起こって，減速ギヤが異常磨耗するというトラブルが生じた。このために，オイルを冷却するシステムを採用している。これは油温により自動的に作動する温度スイッチが組み込まれた自動方式となっている。

③シャシー関係

　サスペンションは前後ともストラットを使用して，ばね下重量が軽くなり，接地性をよくすることができるタイプになっているが，車体の前後左右の動きに対して剛性

のある結合を図る必要がある。このため，73年にはレース仕様に使われたピロボールを用いてマウント部の剛性を高めている。

　この形式のサスペンションでは，ストラットそのものの耐久強度がもっとも重要で，そのためにガス封入式のストラットの開発が続けられており，サファリラリーではラリー中に交換なしで走り切れる耐久性を確保した。しかし，それでも，何らかのトラブルによって，交換の必要性が生じた場合に備えて，短時間でその作業ができるように，リアのストラットは分割型になっている。ガス封入式では，車体の振動などによるキャビテーションやエアレーションが発生しづらく，走行安定性や接地性のよい減衰力が得られるという。サスペンション部品では，リアのトランスバースリンクがラリー仕様のものに変更されているが，そのほかは標準仕様のものに近い。

　アベレージスピードの上昇にともないブレーキは強化されている。フロントには当時プレジデント用だったダンロップMk63-20S型というベンチレーテッドディスクを採用した。リアのリーディングトレーリング式のドラムブレーキもシューやホイールシリンダーの強化で，性能向上が図られている。前後のブレーキ配分はラリーカーの戦闘力を高めるためには重要で，その点リアのブレーキ性能がよくないことは，ウィークポイントになっていた。これが改善されてフロントと同じ容量のディスクブレーキが組み込まれるのは74年からのことであった。

　ラリーではブレーキは酷使されるので，その効力を維持し，それぞれのドライバーの好みに合わせるのはたいへんであった。そのために開発されたのが，制動油圧をコントロールするバルブ機構を組み込んだもので，その油圧をコントロールすることで

**ラリー用240Zブレーキ主要諸元**

| | | HS30<br>'69〜'72標準 | HS30<br>'69〜'73<br>ラリー仕様 | HS30 '73以降<br>RS30標準 | HS30 RS30<br>'74以降<br>ラリー仕様 |
|---|---|---|---|---|---|
| | マスターバック径 (mm) | 152.4 (6″) | ← | 228.6 (9″) | ← |
| | マスターシリンダー径 (mm) | 22.22 (7/3″) | ← | ← | ← |
| | 使用ブレーキ液 | NR-3 | ゴールデンクルーザーHWB-2 | NR-3 | ゴールデンクルーザーHWB-2 |
| フロント | ブレーキ型式 | ガーリングディスクS16 | ダンロップディスクMK63-20S | ガーリングディスクS16 | ダンロップディスクMK63-20S |
| | ローター径 (mm) | 271 | 276 | 271 | 276 |
| | パッド材質 | M33S | M59S | M33S | M59S |
| リア | ブレーキ型式 | ドラムL-T | ← | ドラムL-T | ダンロップディスク<br>MK63-20S |
| | ドラム径 (mm) | 228.6 (9″) | ← | 228.6 (9″) | |
| | ローター径 (mm) | | | | 276 |
| | シュー材質 | B701 | フェロードAM4 | B701 | |
| | パッド材質 | - | - | - | M59S |
| | 油圧コントロールバルブ | Pバルブ | レデューシングバルブ | Pバルブ | レデューシングバルブ |
| | ハンドブレーキ型式 | 機械式 | ← | ← | 油圧式 |

第6章　ダットサン240Zの開発とその特徴

モンテカルロ用のサービス風景。タイヤの選択がこのラリーの勝負をわけるのでたくさんのマグホイールが用意される。

細かい調整が行われた。また，ハンドブレーキも頻繁に使われるために，ハンドブレーキコントロールレバーはフライオフタイプに変更され，さらに74年には油圧式コントロール装置にされた。

　ステアリング機構はラック＆ピニオン式で剛性が高く，車両の追随性がよく，シャープなフィーリングが得られるうえに，機構がシンプルで調整も簡単である。問題はキックバックが大きいことといわれ，その対策を考えていたが，契約ドライバーのラウノ・アルトーネンがこの程度のキックバックはヨーロッパのクルマに比較すれば少ないほうであるという意見で，標準のままでいくことになった。もちろん，ステアリングホイールの大きさや握りの部分の太さ，それにギヤレシオなどが変えられている。

　ホイールは軽量なマグネ合金製が使用されたが，交換が容易になるように特殊ナットを開発し，作業性のよいボルトにして，ラリーのサービス時間の短縮が図られた。

　ラリータイヤは日本ダンロップと共同開発されていたが，車両重量がそれまでの510型に比較して重くなり，出力も上がり，しかも14インチとなったので，独自に開発されることになった。それまでは，SP44Rというスノータイヤを改良したタイヤをラリー用として使用していたが，このとき初めてSP81というブロックパターンでラジアル構造の本格的なラリー専用タイヤが開発された。また，新しく登場した6.40-14のPW98

193

ラリー用に開発されたダンロップタイヤ。左からPW98, PW72, SP44, PW81となっている。

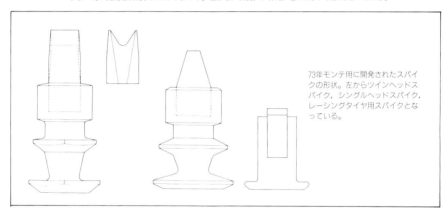

73年モンテ用に開発されたスパイクの形状。左からツインヘッドスパイク，シングルヘッドスパイク，レーシングタイヤ用スパイクとなっている。

タイヤはそれまでとまったく異なったパターンをもったバイアス構造のタイヤで，サファリラリーの泥濘やモンテの深い雪道でも威力を発揮した。とくにサファリラリーでの泥濘路ではスタックすることなく，トラクションを確保して，73年のラリーで好成績を挙げることに大きく貢献した。さらに，モンテ用のスパイクタイヤには国産のスパイクを使用することにし，三角錐やM字形の断面の，それまでになかった形状のスパイクがアイスバーンで威力を発揮した。

④車体関係その他

　車体は比較的軽量で，空力的にも有利な形状をしており，ロングノーズであることを除けばラリーカーとしては恵まれたものといえる。とくに前後ともストラットタイプなので，そのマウント部の強度や耐久性が配慮されている。また，71年までは車両規則で認められていたために，オプションとして用意されていたFRPのボディパネルやアクリル系の部品が使用されて軽量化が図られていた。

第6章 ダットサン240Zの開発とその特徴

240Zは2ドアなので，テールゲートを上げてリアの部品や工具類をとり出す。

　室内ではシート後部のラゲッジスペースは，トランクルームを隔てるシートバックパネルがないため有効にフロアを使っている。後部には大容量の燃料タンクが搭載され，大きなテールゲートで使いやすいものになっている。

　ラリー用電装品では，外観からわかるようにサファリラリーではフード上にスポットライトやフォグランプが装着されており，モンテ用のヘッドライトには視界を確保するために小さなワイパーが取り付けられた。また，高速走行での浮き上がりを防ぐ特製のワイパーが用意されている。

　エンジンやフロントサスペンションメンバーを護るためのアンダーガードは，年々

サファリラリーでは補助ライトはこのようにフードに埋め込まれている。

改良が加えられ、ジュラルミン製とFRP製とあり、車体への入力を分散した取り付け方式のものになっている。

　ラリーの特装品のひとつであるラリーメーター駆動方式は、従来の駆動輪からではスリップによる誤差が生じるのでそれを防ぐために、前輪から回転を取り出しており、ニッサンが最初に採用した方式で、この後多くのチームがこの方式を採用している。

# 第7章　240Zの国際ラリーでの活躍

　ブルーバード510でのダットサンチームのワークス活動は、サファリラリーが中心であったが、240Zの登場によってその活動の幅は広げられ、国内外のレースやモンテカルロラリーに積極的にチャレンジするなど、240Zはその姿をヨーロッパでも見せることになった。

　ダットサンチームは、モンテカルロラリーにはそれ以前からブルーバード410やフェアレディSRなどでチャレンジしていたが、240Zの登場によって、ヨーロッパの華やかな舞台に立つのにふさわしい役者を得たといえるだろう。

　70年にサファリラリーに勝ってからのダットサンチームの大きな目標は、サファリラリーとモンテカルロラリーの両方を同一車種で制覇することであったが、モンテカルロラリーの壁はとても大きく彼らの前に立ちはだかっていたのである。

　このラリーは、世界でもっとも伝統があり、格式の高いラリーとして知られている。ヨーロッパの各国の都市からモンテカルロに集結する第1ステージ、フランスのアルプス山系のコースで勝負が繰り広げられる第2ステージ、そしてチュリニ峠などの雪の多い峠道のスペシャルステージを走る第3ステージで構成されている。

　雪と氷のラリーとして有名であるが、狭い山道のスペシャルステージが多く、ほとんどが舗装道路で走行条件のシビアさは相当なものである。最高速度はサファリラリーより高くはないが、スペシャルステージのアベレージスピードを上げるためには、レーシングカー並みのパワフルなエンジンとそれを十分に生かして走れる軽量なボデ

ィとすぐれたシャシー性能が必要である。

　60年代の後半から70年代の初めにかけて，ミニクーパーやポルシェ911などが大活躍したのは，FFやRRという利点を雪の上で生かしたからでもあった。その点では，ごくオーソドックスなFR機構をもつ240Zは，モンテカルロラリーの雪道を走るのは苦しい面があった。それは歴代の優勝したラリーカーを見れば一目瞭然である。このミニクーパーからポルシェにモンテカルロラリーのウイニングカーが変わった時期が，ちょうどヨーロッパのラリーが高性能車によるスピード重視の時代に移る過渡期でもあった。

　ダットサンチームでは，65年から67年までは410で出場し，68年から2年間はフェアレディSRで挑戦し，70年は中断，71年から240Zでチャレンジしている。これまではサファリラリー中心に見てきたので，ここでモンテカルロラリーへのダットサンチームの参加について振り返ってみたい。

### ■モンテカルロラリー挑戦の経緯

　ブルーバード410がモンテカルロラリーに初めてその姿を見せた1965年のドライバーは，南アフリカ在住のバン・バーゲンで，彼にとってもこれが初出場であった。とい

65年1月のモンテカルロラリーにブルーバード410が初出場。日本から派遣された4人と南アフリカのチームメンバーがモナコの海岸で。

第 7 章 240Zの国際ラリーでの活躍

雪と氷のコース未経験のバーゲン/スミス組の410はタイムオーバーで失格となった。

66年モンテに再び挑戦、第2ステージまで走行して総合で59位となったブルーバード410。

うのは、当時のモンテカルロラリーには国別に出場ドライバーの数が決められており、その枠内でエントリーが受理されていた。ダットサンチームがサファリラリーに初挑戦したときのように日本人ドライバーで出場したいといっても無理な相談だった。バン・バーゲンが出場することになったのも、南アフリカのラリーチャンピオンになっ

バーゲン/スミス組の410。タイヤ交換と下まわりチェックのサービス中。

て出場権を獲得した結果である。たまたま彼がダットサンに乗っており，モンテカルロラリーに出場するにあたっては，ニッサンで車両の提供とそのサービスについて援助してほしいという申し出があり，それに応えることになったのである。

真冬の1月に行われる雪道が勝負どころとなるラリーに，南アフリカのアマチュアドライバーで挑戦することは，クルマのテストという点でも，よい成績を得るという点でも無理があったといえるが，当時はまずモンテカルロラリーに出場するきっかけができたことに意義を見いだしていた時代であった。

最初の2年間は，ダットサンチームにとっては，モンテカルロラリーとは何かを知るための学習期間であった。

65年は早々にタイムオーバーでリタイア，66年は総合で59位に入ったもののモンテカルロラリーの本当の舞台である第3ステージには進出できなかった。本来なら上位60位までは第3ステージに出場する権利があるのだが，ここまでの順位は63位で，最終車検でミニクーパーが失格となって繰り上がったものだった。このラリーは，第2ステージまで走り切れば完走とみなされる。

日本から送られる410は，基本的にはサファリ用と同じ仕様で，現地に入ってからスパイクタイヤの準備をしたりすることで手いっぱいだった。ドライバー自身が，雪と氷の上を走ることがあまり好きではないという事情もあり，モンテ用のノウハウの取得は少なかったようだ。

第 7 章 240Zの国際ラリーでの活躍

67年にはビルタブロ/ピヘルバーラ組のフィンランド人グループが加わり、410Zは3台が出場、この410は接触事故でリタイアした。

ハルム/オラモ組のブルーバード410。完走して58位となる。

そこで67年には，フィンランド人ドライバーを起用することにした。有数のラリードライバーを輩出しているフィンランドはモンテ出場のためのドライバー枠が多くあるものの，その枠いっぱいの人が出ていないことに目をつけたのである。南アフリカのドライバーと3台でエントリーすることになった。このフィンランド人ドライバーの起用によって，それまで問題にならなかったフロントガラスが氷点下の寒さで曇ってしまうという現象が起きた。外気の冷たさがクルマのスピードが上げられることによって，さらに冷えて車内との温度差が大きくなる結果であった。バン・バーゲンはあまりスピードを出さないで走っていたために，こうした現象は起きなかったのである。

このフロントガラスの曇りを止める方法というのは，ガラスに熱線を埋め込むことで解決されたが，誰も教えてくれるものではなく，苦労して思い付いたものであるという。また，タイヤの選択はモンテカルロラリーにとっては最重要項目のひとつであり，エンジンの特性もサファリラリーとは異なるものにする必要があることなどを学んだ。

この年のラリーでは，期待されたフィンランドのドライバーは接触事故を起こしてリタイアしたが，南アフリカからやってきたR．ハルムのほうが第2ステージまでに59位となり，ダットサンチームとして初めて決勝ラウンドの第3ステージに進出し，総合で58位となった。

サファリラリーでは耐久性が求められたが，このラリーではコーナリングスピードや加速のよさが重要だった。このためツーリングカーでは上位をめざすことがむずかしいという判断をせざるをえなかった。そこで68年からはフェアレディSR311で出場することにしたのである。

68年にダットサンチームから出場したフィンランドの若手ドライバーは，まだ無名のハンヌ・ミッコラであった。現地のディーラーが前年と同じように推薦してくれたものだが，ミッコラは最初から速さを見せて，ダットサンは好成績を挙げることができた。スパイクタイヤの選択やサービス体制など，前年までの積み重ねが生かされたが，北欧のドライバーを起用したことによって得られたモンテカルロラリーの戦い方のノウハウが大きかったといえるだろう。

この年から，それまでの日本人メカニックだけのサービスチームからヨーロッパの各国から応援に駆け付けたメカニックを加えたインターナショナルチームの様相を示すようになった。北欧を中心にしたヨーロッパへの輸出が始められた時期でもあった。

フェアレディSR311による最初の挑戦であったにもかかわらず，この年のラリーでは総合9位で，クラス3位に入るという前年まででは考えられない好成績を挙げることができた。たぶんにツキもあったが，クルマとドライバーとサービス体制とがうま

第 7 章　240Zの国際ラリーでの活躍

68年モンテには2台のフェアレディSR311で出場。左から2人目が若き日のハンヌ・ミッコラ。

ミッコラ/ヤルビ組のフェアレディSR311は大健闘して総合9位に入った。

ミッコラ/ヤルビ組のフェアレディにガス給油する日本人サービス員。

69年モンテカルロラリーのスタート前の各車。ダットサンチームは前年と同じ2台のフェアレディSR311で出場。

第 7 章 240Zの国際ラリーでの活躍

コッシラ/マンノネン組のフェアレディ311。ナビゲーターがガソリンと水を入れ違えてリタイアした。

く噛み合った結果である。この年の総合優勝を飾ったのはポルシェ911で、もはや一世を風靡したミニクーパーは姿を消す運命にあった。この年から70年までポルシェはモンテカルロラリーで3連勝するのである。

　翌69年はあまり成果が上がらなかった。その原因のひとつは前年活躍したミッコラを起用することができなかったことである。モンテカルロラリーだけの出場では有力なドライバーを確保することはむずかしく、ディーラーの推薦するドライバーで戦うことになったが、ラリーにおけるドライバーの重要度を改めて感じさせられることになった。

　この年は，起用したフィンランド人ドライバークルーのナビゲーターが、サービスポイントで自らガソリン補給をしようとして、間違えて水を燃料タンクに入れてしまうというミスがあり、もう1台の方もクラッシュで脱落し、ともに完走を果たすことができなかった。この69年までが、ダットサンチームのモンテ挑戦の第一段階で、70年は不出場だったが、71年からいよいよ240Zで出場することになる。

## ■240Zによるモンテカルロラリーへの挑戦

　新しくなったダットサン240Zによるチャレンジが71年からとなったのは、70年には発売されたばかりで、ホモロゲーションが間に合わなかったからである。不出場となった70年には、240Zのラリー仕様車がつくられて、モンテのコースを使用してテスト

が行われた。そのステアリングを握ったのがフィンランドのラリーストとして実績と実力のあるラウノ・アルトーネンであった。サファリラリーでフォードに乗りダットサンと争った経験のあるアルトーネンは，モンテにはまだ未知数であったダットサンチームの将来に期待をもっていた。ちょうど彼が契約していたイギリスのBMCラリーチームがその活動を停止し，フリーとなっていたのだ。

ダットサンチームからの申し出に興味を示したアルトーネンは，まず240Zのポテンシャルを知るために，できたばかりのラリー仕様車に乗ったのである。そこで可能性の大きさを感じたアルトーネンは，エースドライバーとして契約することになり，73年まで彼の弟子的存在であったイギリス人のトニー・フォールとともにダットサンチームで活躍することになる。

トップラリーストと契約し，新しい売れ行きのよいスポーツカーで本格的にモンテカルロラリーにチャレンジすることになるダットサンチームは，71年には有力チームとして注目される存在になっていた。難波マネージャーのもとに，レーシング仕様の開発とともにモンテカルロラリー用の240Zの開発からラリーの実戦を指揮したのが，小室等であった。初期のモンテカルロラリー挑戦時から派遣されており，もっともモンテを知るエンジニアであった。

アルトーネンの70年のテスト走行で，加減速時の負荷のかかり方のシビアさを知り，性能向上とエンジンやシャシーの耐久性の確保には，サファリラリー用以上の詰めを行う必要があった。クランクシャフトなどの信頼性を上げたり，高性能化と耐久性のバランスをどうとるかといった課題に取り組み，テストが繰り返された。

**モンテカルロラリー　65～73年ダットサンチーム出場メンバーと成績**

| | 車種 | ゼッケン | ドライバー | 成績 | 総合優勝 |
|---|---|---|---|---|---|
| 1965年 | ブルーバード410SS | 261 | V.バーゲン／W.スミス | リタイア | ミニクーパー（マキネン） |
| 1966年 | ブルーバード410SS | 46 | V.バーゲン／W.スミス | 総合59位 | シトロエン（トイボーネン） |
| 1967年 | ブルーバード410SSS | 167<br>186<br>191 | R.ハルム／S.オラモ<br>R.ビルタプロ／U.ビヘルバーラ<br>V.バーゲン／M.フーパー | リタイア<br>総合58位<br>リタイア | ミニクーパーS（アルトーネン） |
| 1968年 | フェアレディ2000 | 66<br>70 | H.ミッコラ／A.ヤルビ<br>J.ルセニウス／U.ビヘルバーラ | 総合 9位<br>総合71位 | ポルシェ911T（エルフォード） |
| 1969年 | フェアレディ2000 | 44<br>79 | R.コッシラ／P.マンノネン<br>R.ビルタプロ／C.リントホルム | リタイア<br>リタイア | ポルシェ911S（ワルデガルド） |
| 1970年 | 不参加 | | | | 〃（〃） |
| 1971年 | ダットサン240Z | 62<br>70<br>76 | R.アルトーネン／P.イースター<br>T.フォール／M.ウッド<br>MR.バーゲン／MRS.バーゲン | 総合 5位<br>総合10位<br>リタイア | アルピーヌA110（アンダーソン） |
| 1972年 | ダットサン240Z | 5<br>20 | R.アルトーネン／J.トッド<br>T.フォール／M.ウッド | 総合 3位<br>総合29位 | ランチャ（ムナーリ） |
| 1973年 | ダットサン240Z | 10<br>17 | R.アルトーネン／P.イースター<br>T.フォール／M.ウッド | 総合18位<br>総合 9位 | アルピーヌA110（アンドリュー） |

第 7 章 240Zの国際ラリーでの活躍

71年モンテカルロラリーのダットサンチームのガレージ。小林メカと話しをしているのが小室等チーフ（右）。

モンテカルロラリーではタイヤ選択が大切。そこでたくさんのスパイクタイヤが用意される。タイヤはダンロップSP44が中心である。

シャシーに関しても，コーナリングの限界ぎりぎりの走りをするので，それに耐えられる強度をもつ必要に迫られた。雪の上の走行といってもスパイクタイヤで路面をしっかりとグリップさせて走るので，車高が下げられた仕様になっているために，バウンドストローク領域ではバンプラバーが突いてしまって，横荷重の移動が無限大になる直前の領域を使用することになる。このときの特性をどうするかが問題となる。これは，日本でテストを繰り返して方向性を出し，それをもとに仕様の異なる部品を何種類か用意し，現地の最終テストで仕様を決めていくしか対応できないことだった。

　日本でモンテカルロラリーのコースを再現できればよいのだが，日本の冬とラリーの開催が重なり，またスピード制限のないコースを確保することなどむずかしい問題があった。主として浅間のテストコースが使用され，寒い季節に雪が降ったときにはブルドーザーで表面をフラットにしてモンテのコースに似た路面をつくりテストを行ったりした。

　舗装路が多いとはいえ，モンテのコースはジャンピングスポットがあったり，凹凸路があったりして，スプリングのかたさと前後のロール配分などは，ドライバーのステア特性の好みとの関係で，その仕様を決めるのは，かなり細かい配慮がいる。ミニやカプリといったツーリングカーをドライブした経験のあるアルトーネンはアンダーステア傾向の特性を好んだが，ロールの大きさとスライドのさせ方との兼ね合いなどむずかしい課題であった。

　タイヤの選択が勝負のカギを握るのが，モンテカルロラリーの特徴のひとつである。タイヤの種類，スパイクの種類，その本数などを考慮すると，ラリーに使用されるタイヤの組み合わせは膨大なものとなる。路面状況は刻々と変化するから，それに合ったタイヤ選択が必要で，そのための情報の入手もサービス隊の任務となる。アイスバーン，新雪の積もった路面，シャーベット状の路面，かたく締まった雪路など多様な路面状況があり，それが気温や天候によって絶えず変わっていく。あらかじめ対応できるようにするためには代表的なスパイクの特性を把握しておくことが重要で，そのためのテストが必要であった。しかし，スパイクは北欧にしか専門メーカーはなく，初めのうちはそうした情報がなかなかうまく入手できなかった。しかし，有力チームと見なされるようになると，向こうからアプローチしてくるようになり，次第にもっとも進んだものの入手が可能となった。

　ラリー前の現地でのテスト項目はふえていくが，それをすべてこなすには時間が足りないのは当然である。再現がむずかしいテストを計測器を使うことによって，どこまでデータとして使えるものにするかも，開発にとっては技術的に重要な課題となってきていた。

　71年のモンテカルロラリーにエントリーしたのは180台であった。この年もっとも注

第 7 章 240Zの国際ラリーでの活躍

71年モンテのアルトーネン/イースター組のダットサン240Z。このクルーもゼッケンが若くないのはもう1台のフォール/ウッド組のゼッケンに合わせてサービスをやりやすくするためである。なお、このクルーは総合5位となった。

フォール/ウッド組の240Z。初出場ながら有力ワークス勢にくいさがり10位となった。

目されたのは，アルピーヌルノーの登場であった。これまで地元フランスのラリーが，イギリスやドイツのラリーカーに蹂躙されている状況にがまんできずに，このラリーのためにつくられたといっても過言ではない小さなスペシャルカーであるA110でフランスのワークスチームが，最初から優勝をめざして姿を見せることになった。ルノー16TSに積まれたOHV1600ccエンジンが移植されていたが，このエンジンは機構的には時代遅れになっているかのように思えるものだが，特別なテクニックをもったドライバーでなければ使いこなせないようなハイチューンをほどこされて155psとなり，軽量なFRPボディで車両重量はわずかに685kgであった。リアにエンジンを積むことによって，フロントを軸にして雪道を自在にアクセルワークでコーナリングできるクルマになっており，モンテのスペシャルステージで抜群のポテンシャルを示すものだった。きわめてコンパクトで，これから見ると240Zも2階建ての重戦車のようだった。出場する6台のアルピーヌが，地元の利を生かした大サービス隊によって万全の体制が組まれており，誰もが優勝候補の筆頭に上げていた。

　3連勝しているポルシェはそれまでの911Sからミドシップの914に変えて，強力な契約ドライバーが3台のラリーカーで出場した。カレラ6の水平対向6気筒2000ccをVWと共同開発したボディに積んだラリーカーであるが，モンテ用に熟成されていると

71年はバーゲン夫婦が南アフリカから参加し，ダットサンチームはこの240Zのサービスまでしなくてはならず大変だった。

はいえず、アルピーヌの対抗馬となるポテンシャルを発揮するまでに至らなかった。

そのほか有力ワークスカーとしてはランチャ1600HFが4台参加した。これはV型4気筒エンジンを搭載するFF車である。ランチャは北欧の有力ドライバーとイタリア人のエースのサンドロ・ムナーリが出場する。

これにダットサンチームを加えて4大ワークスといわれた。アルピーヌがRR, ポルシェがミドシップ, ランチャがFF, そしてダットサンがFRとその駆動方式はまったく異なっていた。これまでのモンテカルロラリーではミニやサーブに代表されるFFが強かったが, やがてポルシェの台頭によってパワフルなRRがその威力を見せた。コンベンショナルなFRは, 当然のことながらこの種のラリーでは不利な面があるのは確かなことだった。

ラリー前から激しい寒波が襲い, ラリーは厳しい展開となった。第2ステージを終え, 最終の第3ステージに出走できるのは60位までに入ったラリーカーに限られているが, 第2ステージ終了時点まで残っていたのは, わずかに30台にすぎなかった。やはりアルピーヌ勢が強かった。ラリー走行の直前に同じ性能のアルピーヌで走って, コース状況に合うタイヤを選び出し, スペシャルステージの手前で装着するなど, 他のチームが逆立ちしてもできないやり方で, 勝利に向かってまっしぐらに進んだ。ランチャのムナーリがいくつかのスペシャルステージでアルピーヌを上まわるタイムをマークして気をはいていたが, ラスト近くにミスをおかして脱落してしまった。

コースには雪がたくさんあったり, ドライのところがあったりして, そのたびにポルシェが速かったり, ランチャがよかったり, アルピーヌが圧倒したりしたが, 雪の多いコースが多くアルピーヌは思惑どおりにワンツーフィニッシュを飾った。

ダットサンのアルトーネンは, ワークス勢の中ではもっとも少ないサービス要員というハンディキャップのなかで健闘し, 何とか上位をキープすることに成功していた。飛ばしすぎがたたって遅れたアルピーヌや2台のポルシェの脱落, さらにはムナーリのランチャのリタイアで順位を上げていき, 最後には5位となっていた。もう1台のフォールの240Zも10位に入った。3位には240Zと同じクラスのワルデガルドがドライブするポルシェ914が入ったためにクラス優勝はならなかったが, はじめての240Zとしては上出来の成績であった。ダットサンチームはサファリラリーだけでなく, ヨーロッパのラリーでもその実力を発揮するチームとして, その存在をアピールしたのであった。

### ■72年のモンテにおける大健闘

この成果はダットサンチームに自信をもたせたが, その前にたちはだかる壁はきわめて厚いものだった。まず地の利という点でハンディキャップがあり, FRという機構

的な問題をかかえ，ヨーロッパの狭い道路を突っ走るにはその車体は大きすぎたし，重いものだった。

ヨーロッパのチームにとっては，モンテカルロラリーのコースは走り慣れた彼らのクルマが生まれた土壌そのものであった。したがって，サファリラリーのような大自然の中のラリーでは，日本とヨーロッパのどちらにもハンディキャップはないので対等に戦うことができるが，モンテカルロラリーではそうはいかなかった。

72年になるとダットサンチームは，さらにラリーカーの戦闘力を上げる努力をしたが，それが水泡に帰すような車両規則の変更によって，ハンディキャップを背負うことになった。それまで認められていたボディの軽量化が認められなくなったのである。240Zはボンネットやトランクリッドを FRP から生産車と同じ鉄板に戻すことによって前年より30kg重くなった。もともと生産台数の少ないアルピーヌは最初から FRP 製のボディになっているので戦闘力が落ちることはない。

240Zは，この重量増を補うためにエンジンパワーの向上が図られたが，ラリー装備にすると1200kgを超えることになり，700kgを切る車両重量のアルピーヌとは，パワーウエイトレシオでも大きな差となっている。

71年のラリー後，240Zに対してふたりのドライバーは全長が長すぎてドライブしづらいと訴えていた。車両規則で決められているから全長を短くすることは不可能であったが，補助ライトをバンパーの中に組み込むことによって，実質的なクルマの長さを短縮することにした。これで，200mm近く短くなり，ドライバーのフィーリングはか

72年モンテのダットサンチームの主要メンバー。左側のクルマの前方に立っているのがアルトーネンのナビをつとめるジョン・トッド。240Zに手をおいているのがアルトーネン，その隣りが難波マネージャー，その右がフォール，右端がナビのウッド。

第 7 章　240Zの国際ラリーでの活躍

ヨーロッパのディーラーから派遣されたサービス員とともに日本人メカが整備する。

なりよくなったという。もちろん、シャシーのセッティングでもドライバーの好みに近づけたものになってきている。また、タイヤに対する作戦やその準備も前年に比較するとはるかに進歩して、ドライバーを勇気づけていた。サービス隊は日本から8名、ヨーロッパ各国のディーラーからの応援が8名と計16名で編成される。

　2連勝を狙うアルピーヌはパワーアップを図るために排気量を1800ccに上げたクルマにする予定だったが、ホモロゲーションが間に合わず、前年と同じ1600ccのクルマで戦うことになった。トレーニングは1800cc車でやっていただけに不安はかくしきれなかった。しかし、5台のラリーカーに100人を超えるといわれるサービス隊の体制で、優勝候補の筆頭であることに変わりなかった。

　ポルシェは911STという280psのパワフルなラリーカーを用意し、前年の屈辱を晴らそうと意気込んでおり、アルピーヌの対抗馬として最強のポテンシャルを誇っていた。ランチャはフルビア1600HFで前年と変わらぬラインアップで臨み、フィアットが新たに開発した124ラリーで参戦してきており、フォードは1791ccのエスコートRSで2台エントリーしている。これにドイツのオペルチームを加えるとワークスチームは7つということになり、エントリーは299台で、実際に出走したのは264台とこれまでにない盛り上がりを見せた。

モンテ用に240Zは左ハンドルとなっている。

2年目の240Zによるモンテ挑戦で仕上げも順調。このニース近郊のガレージは71〜73年の間使われた。

第 7 章 240Zの国際ラリーでの活躍

2台の240Zは72年のモンテで快調に走った。それでもアルピーヌに比較すると大きく重いラリーカーであった。

　モンテカルロやパリ，アルメニア，ワルシャワ，アテネ，オスローなどの各都市を出発してモンテカルロに集結する第1ステージはパレード的な要素があって，順位にあまり関係ないが，第2ステージに入るとスペシャルステージで本格的な争いが繰り広げられる。始めのうちは例年になく雪が少なく，アベレージスピードが高く，ポルシェに有利な展開となったが，後半になって雪が降りだしてくるとともに，アルピーヌ勢が上位を独占するかたちになった。本命のひとりと見られていたポルシェのワルデガルドが土手に乗り上げてクラッシュ，足回りにダメージを受けてリタイアした。アルピーヌ勢の一角を占めるテリエもクラッシュしてリタイアしている。
　第2ステージが終了した時点での順位は，1位がアンダーソン，2位がダルニッシュでいずれもアルピーヌ，3位がムナーリのランチャ，4位がアンドリューのアルピーヌ，5位がラルースのポルシェ，6位がニコラのアルピーヌ，そして7位がアルトーネンのダットサン，これにマキネンとピオのフォード，さらにランピーネンのランチャが続いている。もう1台のダットサンは17位に就けている。アルトーネンの7位というのは前年の第2ステージを終わった時点の成績と同じであった。
　第3ステージに残ったのはわずかに34台，そのうち半分近くがワークスカーかセミワークスカーで，例年にない激しい優勝争いが繰り広げられていた。しかし，アルピ

72年モンテを走るフォール/ウッド組の240Z。アルトーネン/トッド組は3位となったが、こちらは遅れて29位でゴールした。

ーヌ勢の優位は動かしがたいものであるように思われた。スペシャルステージ手前のサービスポイントでのタイヤ交換には各タイヤにふたりずつの計8人があたり、どのチームより短い時間で作業を終えていた。ダットサンチームは1台に4人でやるのが精一杯であったが、素早い作業でアルピーヌにわずかに及ばない時間でタイヤ交換を終えていた。しかし、日本人メカニックのいないサービスではふつう2分もかからないこの作業に6分もかかり、秒単位の争いをしているアルトーネンをいらつかせる場面もあった。

スタートはゼッケン順なのでラルースがコース上のトップ、続いてアルトーネンであるが、難波はスタート前のアルトーネンに全力でラルースを追いかけるように指示した。速いがミスの多いラルースを心理的に追い込もうという作戦だった。それに、無難に走って前年と同じ成績となるよりも、ここは〝いちかばちか〟賭けてみようという判断であった。

ダットサンチームのふたりのドライバーは、このステージの前の十数時間のレストタイムを利用してトレーニング用のクルマでスペシャルステージのコースを走って、どのタイヤを使用するか、綿密な打ち合せをしていた。

アルトーネンはラルースを上まわるタイムをいくつかのスペシャルステージで記録し、その差をわずかずつ縮めていった。一方では、アルピーヌに乗るドライバーたちの間で熾烈なトップ争いが繰り広げられていた。チームにとっては誰かが勝ってくれればいいが、それぞれにとっては自分の名誉とドライバーとしての誇りを賭けた勝負

である。その争いは激しくなる一方で，チームのコントロールは利かなくなっていた。まずニコラがエンジンのガスケットを吹き抜けさせてリタイア，次にダルニッシュのトランスミッションが不調になり脱落，前年の優勝者であるアンダーソンもトランスミッションが壊れてリタイアしてしまった。そして，唯一生き残っていたアンドリューのアルピーヌもブレーキトラブルでコースアウトしてリタイア，信じられないような事態であったが，ワークス出場のアルピーヌは全滅してしまった。性能を向上させるためにぎりぎり限界に近いところまでチューニングされたラリーカーであるA110は，ドライバーたちの酷使に耐えきれなかったのである。

　これでランチャのムナーリがトップに浮上した。フランスとイタリアが国境を接しているこのラリーのハイライトともいうべきチュリニ峠には両国の応援団が大勢つめかけて，それぞれに声援を送っている。このところフランスのアルピーヌの前に苦戦を強いられていたランチャがトップに立ったので，イタリア人たちの気勢は大いに上がった。

　ダットサンチームでは，7位まで順位を上げてきたフォールが，第4スペシャルステージのあとのコースでドライブシャフトのベアリングが割れるトラブルでサービスに時間がかかり，タイムアウトとなった。

　順位を上げているアルトーネンはさらにラルースを追撃しようとハッスルしている。これでアルトーネンの方にも問題が発生しては元も子もなくなってしまう。残りのスペシャルステージはふたつとなっていた。難波は，ホテルに引き上げようとするフォ

**1971年モンテカルロラリー成績**

| | | | 減点 |
|---|---|---|---|
| 1位 | ㉘アンダーソン/ストーン | アルピーヌA110 | 6'30'54" |
| 2位 | ⑨テリエ/カルウォール | アルピーヌA110 | 6'31'34" |
| 3位 | ⑦ワルデガルド/ヘルマー | ポルシェ914 | 6'32'45" |
| 3位 | ㉒アンドリュー/ヴィール | アルピーヌA110 | 6'32'45" |
| 5位 | ㉕アルトーネン/イースター | ダットサン240Z | 6'38'21" |
| 6位 | ⑥ランピネン/ダベンポート | ランチャフルビアHF | 6'39'47" |
| 7位 | ㉔リンドバーグ/アンデルセン | フィアット124スパイダー | 6'41'13" |
| 8位 | ⑫ダルニッシュ/ロベルト | アルピーヌA110 | 6'41'15" |
| 9位 | ⑤ヴィナッチェ/ジュラン | アルピーヌA110 | 6'45'06" |
| 10位 | ⑦フォール/ウッド | ダットサン240Z | 6'52'27" |

**1972年モンテカルロラリー成績**

| | | | 減点 |
|---|---|---|---|
| 1位 | ㉞ムナーリ/マヌッキー | ランチャフルビアHF | 5'57'55" |
| 2位 | ①ラルース/パールモンド | ポルシェ911S | 6'08'45" |
| 3位 | ㊵アルトーネン/トッド | ダットサン240Z | 6'12'35" |
| 4位 | ㉑ランピネン/アンドレッソン | ランチャフルビアHF | 6'20'04" |
| 5位 | ⑦ピオ/ポーター | エスコートRS1600 | 6'26'23" |
| 6位 | ㉖バルバジオ/サダーノ | ランチャフルビアHF | 6'34'17" |
| 7位 | ㉝ネイル/テラモルシ | アルピーヌA110 | 6'34'53" |
| 8位 | ㉗ピント/エイゼンテル | フィアット124スパイダー | 6'42'17" |
| 9位 | ⑯ラグッティ/シモニエール | オペルアスコナ1900 | 6'44'10" |
| 10位 | ㉚パット・モス/クレリン | アルピーヌA110 | 6'53'08" |

**1973年モンテカルロラリー成績**

| | | | 減点 |
|---|---|---|---|
| 1位 | ⑱アンドリュー/プティ | アルピーヌA110 | 5'42'04" |
| 2位 | ⑮アンダーソン/トッド | アルピーヌA110 | 5'42'30" |
| 3位 | ㉔ニコラ/ヴィエル | アルピーヌA110 | 5'43'39" |
| 4位 | ⑳ミッコラ/ポーター | フォードエスコートRS | 5'44'29" |
| 5位 | ④テリエ/カルウォール | アルピーヌA110 | 5'46'01" |
| 6位 | ㉓ピオ/マルナ | アルピーヌA110 | 5'46'02" |
| 7位 | ⑤ピント/ベルナチーニ | フィアット124ラリー | 5'52'14" |
| 8位 | ⑯カルストロム/ビルスタム | ランチャフルビアHF | 5'52'15" |
| 9位 | ⑰フォール/ウッド | ダットサン240Z | 5'55'47" |
| 10位 | ①ダルニッシュ/マーエ | アルピーヌA110 | 5'57'08" |

ールをとめて，ダットサンチームのマークをもたせて，ラリーカーの通るコースサイドに立たせた。フォールのリタイアをアルトーネンに知らせるためである。スタート前にアルトーネンに発破をかけた難波は，チームメイトの脱落を知らせることによって，完走することがチームにとって大切になったことを指示したのであった。残りのスペシャルステージを無難に走ったアルトーネンは，ムナーリのランチャ，ラルースのポルシェに次いで3位でゴールした。これはFRというコンベンショナルな機構のラリーカーとしては近年にない好成績であった。

　ちなみに前年までのアルトーネンのナビゲーターはポール・イースターだったが，彼が引退したためにフランス人のジャン・トッドと組んで出場した。優秀なナビゲーターとしてアルトーネンの上位入賞に貢献したが，彼は後にプジョーのレーシングチームの監督となり，さらにフェラーリの監督に就任している。

## ■73年モンテカルロラリー

　まず，73年の第42回モンテカルロラリーを報道する当時のモータースポーツ誌のレポート記事を紹介しよう。

　『アルピーヌルノーの圧勝だった。1〜3位を独占，みごとフランスの栄光を飾った。フレンチブルーに彩られたラリーのための車，アルピーヌは昨年までのものよりさらに精悍さを増し，5台のファクトリーカーと数台のセミファクトリーカーが，このラリーをわがもの顔に走りまくった。アルピーヌ以外のファクトリーカーは，まるでアルピーヌの栄誉のためのわき役でしかない感じだった。まさにフランスのためのラリーだった。しかも優勝者は，人気もののフランス人ドライバーと美しいパリジェンヌのコドライバーという組み合わせで，ナショナリティの強いフランス人をすっかり満足させた。その前にはオーガナイザーのまずさがあったにしても，それはフランス人にとっては大きな問題ではなかった』

　いかにもラテン民族がつくったホットなクルマであるアルピーヌは，前年のラリーが終了した時点からクルマの弱点を洗い出し，万全を期してこの年のラリーに臨んだのだった。エンジンは1800ccとなり，使用域の狭いピーキーなもので最高出力は180ps/8000rpmである。ミッションはゴルディーニ用の5速が移植されて容量アップが図られており，ブレーキも強化され，すべてにわたって見直されたといっていい。

　ランチャは72年のシリーズチャンピオンを獲得し，その勢いでモンテカルロラリーに臨んだが，アルピーヌとは違ってこれも多くのラリーのひとつとしての参加であり，狙いは年間チャンピオンに絞られていた。その点では，目に見えたモンテ用の改良は少なく，性能向上させたアルピーヌとの実力は開いており，まともな勝負では勝ち目がなかった。

第 7 章 240Zの国際ラリーでの活躍

73年モンテの決勝ラウンドともいうべき第3ステージをスタートするアルトーネン/イースター組の240Z。ここまで8位であった。

夜間の路上におけるサービス。アルトーネン/イースター組の240Zはさらに追い上げるつもりであった。

アルトーネンの240Zにはインジェクション仕様のL24型エンジンが積まれていた。信頼性という点でまだ不安があり、そのために遅れることになった。

フォール/ウッド組の240Zは、ソレックスキャブ仕様でトラブルもなく走り切り9位となった。

第7章 240Zの国際ラリーでの活躍

73年モンテは後半雪が多く，240Zは苦戦した。しかもアルトーネン/イースター組はトラブルで遅れて18位となった。

　ダットサンチームは，規則で許されるぎりぎりの2498ccに排気量を上げ，230psまで出力をアップさせた。また，アルトーネンのラリーカーには電子式燃料噴射装置が取り付けられたが，信頼性の確保にはまだ自信がもてるところまではいかず，大事をとって，フォールのクルマは従来からのソレックスキャブで臨むことになった。

　注目されるのは，スパイクの開発を日本ダンロップと共同で，ダットサンに合ったものを製作したことだ。ラリーカー用のスパイクは北欧のメーカーが開発しているが，その代表的なクルマは軽量車が主流で，ダットサンは車両重量が重いので，独自にクルマに合ったものにしようとしたのである。スパイクタイヤはアイスバーンで威力を発揮するが，ラリーでの使われ方は，必ずしも氷上だけでなく，舗装路面もそのまま走るケースが案外多い。単に氷をひっかくだけでは駆動力をロスすることになる。つまり，タイヤをスムーズにまわす役目も果たさなくてはならない。それだけに材質からピンの形状までいろいろなものがトライされた。ラリー前のアルプスのコースは雪が少なく，思うようにテストができなかったようだが，前年までよりはタイヤとスパイクに関しては前進していた。

　フォードはエスコートでシリーズチャンピオンをめざしており，アルミブロックのレーシングエンジンに近い仕様のものとなり，徹底した軽量化が図られ，車両重量は

221

正確で迅速なダットサンチームのサービス。手前に見えるのがダットサンチーム特製のガソリン給油缶。

800kgほどである。フィアットは124ラリーで本格的挑戦を開始したのが、このラリーからである。アバルトチューンのリッターあたり100psを超えた1756ccエンジンを搭載したFR車である。

ポルシェはその活動の場をラリーフィールドからレースに移し、ルマン24時間レースに力をいれることになり、この年からモンテには出場しなくなった。このためエースドライバーのワルデガルドはフィアット入りしている。

エントリー台数は321台に及び、ますます盛り上がりを見せた。

ラリー前は雪が少なかったが、第2ステージからは激しい雪が降り続き、このステージの最大の山場といわれたブルゼ峠は猛吹雪となり、ゼッケン90番以降のラリーカーがすべてこの手前で立ち往生した。ここを通過できなかったクルマのすべてがタイムアウトを宣言されたため、これを不服としたプライベーターたちがオーガナイザーに抗議し、それが容れられないとわかると、実力でラリーの進行を止める動きを示すなど、混乱があった。この混乱はラリー終了後も尾を引き、これにこの年の秋に起こったオイルショックとが重なって、翌74年のモンテカルロラリーは中止に追いこまれてしまった。

73年ラリーでは、第2ステージ以後雪が多くなり、ますます有利となったアルピーヌは上位を独占、そのままの勢いでフィニッシュした。この年のアルピーヌは勝負ど

第 7 章 240Zの国際ラリーでの活躍

71年から出場した240Zは、73年でモンテカルロラリーへの挑戦は終止符が打たれた。

ころではほとんどトップを奪い、スウェーデン人のアンダーソンがトップに立つとサービスをゆっくりやるなどして、同じアルピーヌチームのフランス人ドライバーをトップに立たせるという余裕(?)さえ見せた。

　ダットサンのアルトーネンは、第2ステージの終了時点で8位であったが、第3ステージで追い上げて5位まで浮上し、さらに上位をめざしていた。しかし、燃料噴射装置のトラブルが発生して大きく遅れてしまった。それまではアルピーヌに次いで、ミッコラやマキネンという北欧ドライバーの操るエスコートといい勝負をしていた。フォールの方は9位でラリーを終えた。71年は5位、72年は3位と上昇ムードでこの年のラリーを迎えて、期待はふくらんでいたが、厚いモンテの壁を突き破ることができなかった。残念ながら240Zによるモンテへの挑戦は、これが最後となったのである。

　アルピーヌは当時のグループIVの規定ぎりぎりの年間500台の生産台数を満たしたRR機構のクルマであるのに対して、240Zは同じグループIVであるとはいえ、まったくの量産車でFR機構をもっており、その生まれからしてアルピーヌとは違っていた。その意味でいえば、ダットサンチームはモンテカルロラリーでは大健闘したということができる。

　余談だが、この年世界選手権ラリーの緒戦であるモンテを制した勢いで、シリーズチャンピオンを獲得したルノーチームは、その後、ラリーからレースに目標を変え、

223

有名なルノーターボエンジンでF1レースに参入，ルマン24時間レースに勝ってから本格的にチャレンジを開始し，ターボエンジン時代をつくるきっかけとなった。その後はNAエンジンでもホンダとパワー競争をし，ウイリアムズチームに勝利をもたらしたのはよく知られているところである。アルピーヌA110というホットなクルマをつくった伝統は，その後も生き続けているのである。

## ■71～73年のサファリラリー

いまやモンテカルロラリーに比較すれば，サファリラリーはダットサンチームにとっては，我が家の庭のような存在になりつつあるといってよかった。70年には念願の総合優勝を果たし，ダットサン車のエントリー台数は最多となり，しかも2ヵ月前に行われたモンテカルロラリーでは初出場の240Zが5位入賞という実績をもって，71年のサファリラリーに初お目見得となるダットサン240Zで戦うことになったのである。

前年のウイニングカーである510SSSで走るほうが勝利には近いところにいることになるかもしれなかったが，モデルチェンジされる610の発売が目前に迫っており，PR効果という点では510はその価値を失っていると判断された。そこで，240Zが登場することになったが，初出場のラリーカーでサファリラリーを制することはむずかしいと考えられていたので，現地ではダットサンチームの苦戦を予想する声が聞かれた。

71年サファリにはダットサン240Zで挑戦。ナイロビの工業地帯にあるダットサンチームのガレージ。

第 7 章 240Zの国際ラリーでの活躍

ラリーのコントロールポイント手前のコース。100メートル手前には目印の旗が立てられている。

とくにウエットになればスポーツカーではまともに走れないのではないかと思われた。しかし、その対策として240Zのロードクリアランスは180mmと大きくなっていた。

　エンジンパワーは約200psとまだ大幅なアップではなかったが、240Zの最高速度は210km/hと、510とは比較にならないハイスピードを出すラリーカーで、年々上がるラリーのアベレージスピードに対応するのには最適のものといえた。

　ワークス出場は3台、チーム優勝を狙うには最低のエントリーで、少数精鋭といっていいメンバーであった。前年の覇者であるハーマン/シュラー組に加えて、モンテカルロラリーで活躍したアルトーネン/イースター組、さらにはメッタ/ドウティ組である。このうちハーマン/シュラー組はふたりがそれぞれに得意なコースでハンドルを握るのは前年までと変わらないが、アルトーネンとメッタは全コースともひとりで走りきることになる。ドライバーとナビゲーターがその役割を分担するプロフェッショナルなクルーである。ラリーのアベレージスピードが上がるにつれて、コース状況をナビゲーターから事前に知らされながら走るほうが有利となり、単なる有視界走行では限界がきていた。この点は前年までのダットサンチームには見られなかったことで、

ラリーを前にしてサービスカーが勢ぞろい。セドリックバンが主力であるが、足の速い240Zのサービスカーも用意されている。

71年サファリのハーマン/シュラー組のダットサン240Z。サファリの典型的な赤土のダートを走る。ポルシェを追撃し、トップでゴールした。

ダットサンチームもローカルカラーを脱皮しようとしていたといえよう。

メッタはウガンダ出身の若手であったが，地元のレースやラリーに出場して速さを身に付けてプジョーでサファリラリーに出場していたが，ダットサンでローカルラリーに出場するようになり，将来が期待されてこの年からチームに加わることになった。彼はナビゲーターの役割を重視するドライバーで，その点では地元のドライバーとしては進んだセンスをもっており，着実な走りでクルマを壊さないドライバーであった。

ドライバーとナビゲーターの役割が固定することになると，クルマのセッティングはそれぞれの好みに合わせたものとなり，シートも身体に合った特製のものが使えるなど，ラリーカーとしての戦闘力を高めることが可能になる。240Zは新しいクルマであるといっても，それまでのノウハウを生かして日本でテストしてきているので，現地ではこうした細かいセッティングに時間がさけるようになっているのも強みだった。

この年のサファリラリーは世界選手権がかけられて2年目で，ヨーロッパからフォード，ランチャ，ポルシェ，サーブなどアルピーヌを除く主要チームがエントリーしてきた。なかでもフォードは必勝を期して強力な体制で臨んできた。ミッコラ，マキネン，クラークというベストメンバーで出場することになり，エスコートTCをもってラリーの始まる3ヵ月前からケニアにやってきてテストを繰り返していた。レーシングエンジンともいえるBDAエンジンは2000ccで200psを発生する強力なもので，パワーウエイトレシオではダットサンを上まわっていた。フォードは前年ダットサンチームで走ったジョギンダー・シンと契約してローカルラリーに出場してデータを集め，打倒ダットサンに燃えていた。

サファリラリーの直前に行われたタンザニアのラリーにはフォードチームが出場することになっていたので，その戦闘力を知る意味もあって，メッタが240Zで急遽出場した。このラリーではプジョーが優勝し，オーバースピードでフェンダーにダメージを受けて遅れたメッタが2位となり，フォードのシンが3位となった。これでダットサンチームはポテンシャルではエスコートに負けないことがわかり，自信を深めたのであった。

ダットサンチームでは，それぞれのチームのラリー前のテスト走行中の情報を掴み，それを分析して勝利への作戦を立てることにした。フォードはエンジンに問題をかかえ，その対策に苦慮しており，トランスミッションにも不調があることがわかった。ポルシェチームは主としてサスペンションのフロントストラットの耐久性に問題があり，エンジンのホコリ対策に大わらわであり，ランチャとサーブも，サスペンション関係に問題があった。いずれも初歩的な問題が多く，現地にくる前に解決していないと優勝争いに加わるのはむずかしいものと思われた。

この結果，ダットサンチームでは優勝する自信をさらに深めた。ライバルとなるの

アルトーネン/イースター組の240Z。スタート直後は上位を占めた。

71年サファリの深夜のサービス。コースは未舗装路なのでガソリンスタンドなどを借りてサービスポイントとする。サービスを受けるのはアルトーネン/イースターの240Z。

第 7 章 240Zの国際ラリーでの活躍

スピードがあるが，トラブルなどで遅れてトップ争いには加われなかったアルトーネン/イースター組の240Z。

はワルデガルドのポルシェのみで，フォードチームには優勝のチャンスは少なく，激しい雨が降りウエットになった場合は，プジョーに乗る地元のシャンクランドが浮上するという読みをした。ただし，これまでの経験からこの年のラリーはドライになる可能性が強いと予想していた。

ラリーはタンザニアのコースが加わり，3年ぶりで3ヵ国を使って行われることになり，走行距離は6000kmを大きく超えたものとなった。フォードチームはセスナを使用し，サービス体制も大がかりであったが，ダットサンチームは前年と変わらぬ体制で，8名の日本人を中心にして万全を期していた。エントリーは112台でそのうちダットサンは33台であった。

ダットサンチームは優勝をめざすと宣言し，サービスでも一ヵ所では1時間以上は待たないことにしているのは前年までと同じだが，サービスに30分以上かかる場合は，そのラリーカーを放棄するという方針を打ち出していた。時間のかかるサービスが必要となるのは，そのトラブルが深刻なことを意味しているからである。

スタートが4月8日という比較的遅い日程であったが，雨の少ないラリーとなり，それだけスピードの高いホットな争いが繰り広げられた。まず飛び出したのが，ダットサンのアルトーネンで，彼がペースメーカーとなってスピード競争が行われ，上位には世界のトップドライバーがずらりと顔をならべた。ナイロビから最初の休憩地点

71年からダットサンワークスのドライバーとなったシェカー・メッタは240Zで健闘した。

メッタ/ドウティ組のダットサン240Zは、着実な走行で2位でゴールした。こうしたジャンピングスポットでもクルマをこわさない走りをした。

## 第7章 240Zの国際ラリーでの活躍

チーム優勝したダットサンチーム。左からシュラー、ハーマン、メッタ、ドウティ、アルトーネン、イースター。

であるモンバサまでの順位は、アルトーネン、ミッコラ、ワルデガルド、ムナーリ、クラーク、マキネンとなり、いずれもヨーロッパのトップドライバーで、これに地元のドライバーでダットサンに乗るメッタが続いた。

このすぐあとのモンバサからダルエスサラムに向かうコースで、アルトーネンがコースアウトして遅れ、ムナーリやクラークも脱落していった。ワルデガルドがトップに立ち、これをフォードのミッコラが激しく追いかけ、それにダットサンチームのハーマンやメッタが続く展開となった。しかし、予想どおりにミッコラはマシントラブルが出て、前半を終えるまでに大きく後退してしまった。

前年と同じようにラリーの後半はポルシェをダットサンが追うかたちとなり、アルトーネンの後退によって、ポルシェが勝てば初めての海外ドライバーの優勝となり、ダットサンが勝てばアフリカ在住ドライバーが勝つというジンクスどおりになることになった。カンパラに着いた時点の順位はワルデガルド、ハーマン、ザサダ、メッタ、ミッコラとなっており、ポルシェが1、3位で優位に立っていた。

しかし、ダットサンチームは勝利を確信しており、ラリーはそのように展開した。トップのワルデガルドが、コースアウトしてラリーカーにダメージをうけてリタイアした。ハーマンもコースサイドの岩にマシンをヒットさせてその修理に30分費やし、ハーマンは右手を負傷したが、他のラリーカーも、全体に速いペースになっているためにトラブルやコースアウトなどで減点を重ねた。アルトーネンは追い上げて上位に顔を出すかと思えばまたミスをして順位を下げるなどで、優勝争いには加われなかっ

## 1971年サファリラリー成績

| | | | 失点 |
|---|---|---|---|
| 1位 | ⑪ハーマン/シュラー | ダットサン240Z | 217 |
| 2位 | ㉚メッタ/ドウティ | ダットサン240Z | 220 |
| 3位 | ⑮シャンクランド/ベーツ | プジョー504インジェクション | 348 |
| 4位 | ③ヒリア/エアード | フォードエスコート | 349 |
| 5位 | ㊴ザサダ/ビーン | ポルシェ911S | 368 |
| 6位 | ⑰プレストン/スミス | フォードエスコート | 402 |
| 7位 | ⑫アルトーネン/イースター | ダットサン240Z | 437 |
| 8位 | ⑳カルストローム/ハグボム | ランチャフルビア | 476 |
| 9位 | ⑥ウリヤーテ/スミス | BMW2002 | 511 |
| 10位 | ⑩ハス/マッコーネル | プジョー504インジェクション | 559 |

## 1972年サファリラリー成績

| | | | 失点 |
|---|---|---|---|
| 1位 | ⑦ミッコラ/パルム | フォードエスコート | 553 |
| 2位 | ⑫ザサダ/ビーン | ポルシェ911S | 581 |
| 3位 | ⑪プレストン/スミス | フォードエスコートRS1600 | 583 |
| 4位 | ㉑ヒリア バーレイ | フォードエスコートRS1600 | 724 |
| 5位 | ⑩ハーマン/シュラー | ダットサン240Z | 767 |
| 6位 | ⑤アルトーネン/フォール | ダットサン240Z | 779 |
| 7位 | ㉟ハリス/オースチン | プジョー504Inj. | 875 |
| 8位 | ㉛マキネン/リドン | フォードエスコートRS1600 | 879 |
| 9位 | ⑲シャンクランド/ベーツ | プジョー504Inj. | 885 |
| 10位 | ⑥メッタ/ドウティ | ダットサン240Z | 889 |

## 1973年サファリラリー成績

| | | | 失点 |
|---|---|---|---|
| 1位 | ①メッタ/ドルーズ | ダットサン240Z | 406 |
| 2位 | ⑨カルストローム/ビルスタム | ブルーバードU1800SSS | 406 |
| 3位 | ⑦アンダーソン/トッド | プジョー504 | 527 |
| 4位 | ⑲フォール/ウッド | ブルーバードU1800SSS | 554 |
| 5位 | ㉘ハス/マコーネル | プジョー504 | 727 |
| 6位 | ⑰リオネット/ヘックル | プジョー504 | 790 |
| 7位 | ⑤シン/ミッチェル | コルトギャラン | 843 |
| 8位 | ㉓ウリヤーテ/スミス | フィアット124 | 874 |
| 9位 | ⑳カークランド/フィールド | ブルーバード1600SSS | 887 |
| 10位 | ㊹ヌーン/リーダー | ブルーバード1600SSS | 905 |

た。最後はシュラーがハンドルをずっと握ってゴールのナイロビにたどりつき，ハーマン/シュラー組は前年の510に続いて2連勝を飾った。メッタが2位で，240Zはワンツーフィニッシュしたが，3位以下とは大きく差がついており，またしても完勝であった。アルトーネンも7位に入り，チーム優勝もプジョーに圧倒的な差をつけて獲得した。ダットサンチームの勝利によって，この年も海外ドライバーは勝てないというジンクスは破られなかった。

ダットサンチームは，ラリー中にサービスポイントでオーデコロンをしみこませた"おしぼり"を用意し，ドライバーの靴底をきれいにするなど，ドライバーがラリーに気分よく集中できるように配慮していた。

このラリーでダットサンチームは初めて最初からトップ争いをし，対等以上の速さを示して優勝した。耐久性に速さが加わった240Zは，一時コース上で3台がトップから3位までを走る場面もあり，その強さを印象づけた。

この勢いでは，ダットサンチームは72年も勝って，その3連覇はかたいのではないかと思われたが，そうはならなかった。

*

72年のサファリラリーは，ダットサンチームとフォードチームの争いとなった。フォードはラリーカーの熟成を図り，無線を使用してサービス体制を前年以上に強化し，物量作戦で臨んだ。完璧なワークスチームの体制に近い大がかりなものであるが，その後多くのチームがこれを踏襲することによって，ラリーの戦いが次第にエスカレー

## 第7章 240Zの国際ラリーでの活躍

72年サファリラリーで6位となったアルトーネン/フォール組のダットサン240Z。

トしていくことになる。

　2年目の240Zは，エンジンパワーを15ps以上アップさせるとともに，サスペンションを中心に性能向上を図り，大幅にポテンシャルを上げていた。ドライバーの布陣も前の年と変わらなかった。モンテカルロラリーでも3位という好成績を挙げ，サファリラリーには前年以上の自信をもって臨んだのである。フォードがいくらサービスに力を入れようが，問題はラリーカーの性能が重要であった。前年のラリーでトランスミッションのトラブルに見舞われたフォードのシンは，コース上に大きくセスナに見えるようにそれを文字にして知らせ，部品をいち早く運んでサービスを受けたが，減点が少なくなる効果はあるものの，ヘビートラブルの減点をカバーしてトップ争いを継続できるものではない。

　72年はタンザニアの首都であるダルエスサラムがスタート地点となり，97台のエントリーがあった。またしてもドライコンディションでラリーが行われ，最初からフォードとダットサンはトップ争いを展開した。トップにミッコラが立ち，これを同じくフォードのマキネンとダットサンのアルトーネンが激しく追うかたちであった。マキネンとアルトーネンは長年のライバルでもあり，コース上で抜きつ抜かれつのデッドヒートを演じ，挙げ句の果てに両車とも通過確認のために設けられているコントロールポイントを素通りして争いを続け，コース上を戻らざるをえなくなり，ともに1時間以上の減点を喰い，後退することになった。信じられないできごとだが，それほど

メッタ/ドウティ組のダットサン240Z。テクニックとパワーが要求されるコーナリングで、240Zは豪快さをみせた。

　の争いであったのだろう。

　しかし，ラリーは次第にフォードが優勢となり，上位を独占した。ダットサンが遅れた原因は，タイヤのパンクの頻発にあった。コースサイドの材木に乗り上げてパンクしたこともあったが，そうしたものを除くと，ほとんどがタイヤの発熱によるものであった。エンジンパワーが上がり，スピードが高くなったためにタイヤがそれについていけなくなったのである。それだけラリーカーとしての性能が上がったからだが，この年のラリーがドライでスピードが例年になく上がっていたことも原因であった。日本で十分にテストしたものの走る速さがまるで違うから，ラリーの本番になって初めて顕在化したのである。タイヤにかかる負担が大きくなったわけだが，クルマの性能向上にタイヤが追いついていかなかったことになる。逆の表現をすれば，それまではタイヤの問題が生じるまでの性能になっていなかったのである。平均すると1台が10回以上のパンクに悩まされたという。

　このために，サスペンションにダメージを受けて，その修理に時間をとられたりして，フォードとの差は大きくなった。こうなると，フォードはペースを落として走ることができるから，トラブルの可能性も小さくなり，優勝することができたのである。勝利ドライバーはフィンランド出身のハンヌ・ミッコラで，彼によって海外ドライバーはサファリラリーに勝てないというジンクスが初めて破られたのである。

　それでも，ダットサンは完走して5，6，10位に入った。なお，この年には68年のと

第 7 章 240Zの国際ラリーでの活躍

72年サファリラリーのサービス。ガス給油を受けているのはアルトネン/フォール組の240Z。この後パンクで大きく遅れることになる。

コントロールポイントに入るハーマン/シュラー組の240Z。

きと同じように，新しく出場を予定するブルバードU1800をノーマルの状態で走らせている。このドライバーはその後チームトヨタの監督になるオーベ・アンダーソンであった。比較的健闘していたが，サスペンションをいためて遅れてしまった。

＊

　ダットサンチームは，これまで同一の車種ではほぼ2年で次のクルマに代がわりしてラリーに出場している。会社にとって重要な車種であるブルーバードがモデルチェンジされたことによって，新たに登場する610がサファリラリーの主役の座を73年は240Zから引き継ぐ予定だった。510よりひとまわり大きくなり，装備を充実させたために車両重量が重くなったが，機構的には510を継承しており，それなりのポテンシャルをもっていた。しかし，この数年でサファリラリーは耐久性とスピードの両方を要求されるようになってきており，この610ではフォードやポルシェにスピードで対抗するのはむずかしかった。

　そこで考えられたのがドライの場合は240Zで，ウエットには610で対処するという2面作戦だった。それだけ，ダットサンチームはこのラリーに執念を燃やしていたのである。ただし，240Zは新しく仕立てたものではなく，モンテカルロラリーで使用したものをサファリ用にした左ハンドル車となっている。3台の240Zに乗るのはそれまでと変わらないメンバーで，2台出場する610には，ランチャがエントリーしないので，スウェーデンのハリー・カルストロームとトニー・フォールがハンドルを握るこ

73年サファリラリーには万全の体制で臨んだダットサンチームは3台の240Zを出場させた。これはメッタ/ドウティ組のスタート直後の走行。

第 7 章 240Zの国際ラリーでの活躍

73年サファリのハーマン/シュラー組の240Z。スタート直後からペースメーカーとなり飛ばしたもののそれがたたってリタイアした。

アルトーネン/イースター組の240Z。3度目の240Zでサファリ優勝を狙ったが、またもアルトーネンは遅れてしまった。

73年サファリで優勝した240Zのメッタ(右)とドウティ。左フェンダー部の損傷が激戦を物語っており、これで減点1(1分)が加算されたが、順位は変わらなかった。

とになった。

　前年問題となったタイヤに関しては、日本ダンロップがラリー専用の、構造からコンパウンドまで新設計のものを開発した。それまでの市販タイヤを改良したラリー用のものとは一線を画する性能となっていた。まず、モンテで試され、その性能に自信をもってサファリに臨んだのである。ダンロップではドライ用だけでなく、ウエット用の幅の狭いタイヤを開発し、路面状況に合わせたきめの細かいタイヤの開発が行われるようになった。この年からラリー規則によってタイヤにチェーンをまくことが禁止された。

　フォードが前年同様に派手なサービス体制を敷いたが、ダットサンチームも無線を使うことになり、この点では進歩が見られた。この年はウガンダが内乱状態でケニアとタンザニアの2国が舞台となった。エントリーは98台で、そのうちニッサン車は半数近い46台を数え、ますますそのシェアーを伸ばしている。

　いつもより出場車が多いダットサンチームは、ハーマン／シュラー組の240Zをペースメーカーにして飛ばす作戦をとった。エスコートの前を走って全体のペースを上げることで、彼らを攪乱するつもりだったが、これは成功しなかった。逆にオーバーペースでエンジンを酷使して焼き付かせて、ハーマンはリタイアした。ポルシェは早々に姿を消し、前年と同じくフォードとダットサンの争いの様相を呈してきた。トップを走るミッコラをアルトーネンが激しく追い上げコース上でもデッドヒートしていた両者は、ナクールからケニア山に向かうコースで相次いでコースアウトし、ともにリ

第 7 章 240Zの国際ラリーでの活躍

2位にはカルストローム/ビルスタム組のブルーバードU1800が入った。U1800は2台が出場、もう1台が4位に入った。

タイアしてしまった。これでフォードは上位から姿を消し、トップ争いはダットサン同士の間で行われることになった。生き残ったメッタの240Zは、トップを走るカルストロームの610を抜いてリードした。

このときのダットサンチームの難波マネージャーは常連の240Zよりも、新参の610に勝たせたかった。タイム差は小さかったが、まだ優勝の経験のないメッタにペースを落とすように指示するわけにはいかなかった。

最後のサービスポイントにラリーカーが入ってきたときの減点差はわずか1分だった。メッタの240Zは激戦のあともなまなましくヘッドライトまわりやリアのランプまわりが損傷していた。このままゴールすると走行に必要な保安部分の損傷なので、車検でペナルティをとられることになる。おそらく2分以上の減点をとられるだろうと読んだ難波は、メッタにはそのまま走るように指示した。もう1台の610のほうは時間の余裕があったから車体はきれいに洗われて、鮮やかに赤いカラーを蘇らせてゴールしたのだった。

しかし、この240Zへのペナルティはわずか1点だけで、両者の減点はまったく同じになった。このため、最初の減点をあとに受け、最終ゴールに先に入ったメッタの240Zのほうが優勝という判定がくだされたのだった。4位にも610が入り、ダットサンは1、2、4位と上位にずらりと顔をそろえる結果となった。また、プライベートの510が9、10位となり、クラス優勝した。ダットサンはチーム優勝も飾り、マツダと三菱もクラス優勝したことによって、すべての賞を日本車が独占したのであった。

# 第8章　始まりの終わり

　これまでみてきたように，ブルーバード510までの車両開発とラリーでの活躍，そしてダットサン240Zのそれは，欧米の技術や権威への挑戦であり，それに追いつき，肩を並べるまでの歴史であった。日本車は欧米の技術を積極的に取り入れ，日本流の味付けをすることによって商品としての完成度を高めていった。

　その過程で，クルマの安全性や排気問題という社会との関係が問われるようになり，それまでの楽観的な技術の進歩を盲信することができなくなってきた。60年代の後半に顕在化してきたこうした問題に日本が真剣に取り組むことができたのは，日本の自動車産業が力をつけてきた時と重なったためだが，排気問題をクリアしなくては自動車メーカーとして生き残れないところまで追いつめられつつあった。逆にいえば，新たな世界的規模での自動車メーカーの競争に，日本のメーカーがハンディキャップなしにスタートラインに立つことができたのである。アメリカの排気規制であるマスキー法をクリアするには，それまでの技術水準を超えた厳しい追求が求められていた。そのためには，エンジンの高性能化を進めるそれまでの行き方にストップをかけ，各メーカーが全力をあげてこの問題に取り組まなくてはならなかった。

　1963年から始められた日本の最高峰のレースであった日本グランプリレースは，年ごとにエスカレートしてトヨタとニッサンが激突していたが，69年で中止された。最初に日本グランプリに不出場を決めたのは，このレースをリードしていたニッサンであった。その理由の最大のものは，排気問題が社会化している現状ではレーシングカ

一の開発を続ける余裕がなく，公害問題に取り組むためということであった。こうした反論の余地のない（？）理由をあげられると，ライバルであるトヨタもレースを続けるわけにはいかなくなり，その結果，予定されていた70年日本グランプリレースは中止された。

この日本グランプリレースには，ニッサンと合併したプリンスが65年から2000ccのR380で積極的に出場していたが，同じように旧プリンス系の技術者によって68年には5000ccのR381，69年には6000ccのR382というレーシングカーが開発され，後手にまわるトヨタを破っていた。同じニッサン車でも，市販車の開発が鶴見と荻窪に分かれていたように，モータースポーツの分野でも旧ニッサン系と旧プリンス系とは異なるカテゴリーのクルマを開発していたのである。

70年といえば，ブルーバード510がサファリラリーで優勝した年であり，翌71年からはダットサン240Zがモンテやサファリで活躍することになるから，ニッサンのモータースポーツ活動が極端に縮小されたわけではない。旧プリンス系の荻窪では本格的レーシングカーの開発はストップしたが，S20型DOHCエンジンを積むスカイラインGTRがレースに出場して好成績を上げ，ニッサン全体のワークス活動は依然として活発であった。

それが大きな曲がり角を迎えるのは，73年秋のオイルショックである。この年まで輸出も増大してきており，日本の自動車産業は，伸び続けてきたが，これによって売れ行きは落ち込み，前途が読めない危機に陥ったのである。

排気問題で縮小傾向にあったメーカーのモータースポーツ活動は，これによって息の根を止められるほどの影響を受けた。"遊び"に石油を使うのは許されないというムードがあり，自動車メーカーでもモータースポーツ予算をとる余裕がなくなった。これ以降80年代に入るまで，自動車メーカーはレースの前面には出てこなくなり，せいぜいバックアップする程度にとどまった。その後，ニッサンのラリー活動はサファリラリーを中心に細々と続けられたが，73年までとは比較にならない規模であった。翌74年はダットサン260Zでサファリラリーに出場しているが，エントリーは現地ディーラーからになっており，ニッサンがそれをバックアップするかたちをとった。開発テンポが落ちていたのはいうまでもなく，これがフェアレディZでの挑戦の最後となった。この74年サファリラリーは，力をつけてきた三菱チームのギャランがジョギンダー・シンによって総合優勝した。これにポルシェやランチャが続き，ダットサン260Zは4位に入るのがやっとであった。

75年以降もサファリラリーへのニッサン車の挑戦は続けられたが，主力車種はバイオレットとなり，ダットサンPA10となった。60年代から73年までは，ダットサンのラリーカーのポテンシャルは毎年確実に上がっていったが，これ以後しばらくは足踏み

状態が続いた。ランチャがミッドシップカーのストラトスでラリーにチャレンジするのは75年からである。

しかし、日本車の輸出は、このオイルショックがひとつのきっかけで、さらに伸びていったのである。小型で経済的で、しかも故障が少なく、サービスのよい日本車がそれまで以上にアメリカでは人気の的となった。

もともと60年代初めから積極的に行われるようになった対米輸出は、日本車のコンパクトさが受け入れられたもので、セカンドカーとしての需要が多かった。小型車では先輩であるヨーロッパ車と競合することになるが、日本車は次第に性能を上げ、サービス体制も年々よくなっていくのに対し、ヨーロッパ車はそうした進歩が見られなかった。

60年代の対米輸出のチャンピオンはドイツのフォルクスワーゲンで、断然群を抜いていた。65年には、ワーゲンは40万台をアメリカに輸出していたが、ダットサンは1.3万台にすぎなかった。MGが2位で2.2万、トライアンフが2万台で3位であるが、トップのワーゲンとは比較にならない差であった。4位ボルボ1.8万台、5位オペル1.6万台で、ダットサンは6位となり、この年はじめてベストテンに入っている。ちなみに64年はダットサン6800台、トヨタは3030台であった。しかし、トヨタは65年には6400台となり、コロナRT40の投入によりアメリカでの売り上げを伸ばすとともにディーラー網の整備により、さらに伸長をみせていくようになる。

58年オーストラリア一周ラリーで監督をつとめた片山豊は、60年にアメリカに行き、それ以降ニッサンの対米輸出の中心人物となる。60年9月にカリフォルニア州法人として設立されたアメリカニッサンの副社長となり、65年には社長になる。副社長時代も、社長は日本にいたから現地で実際の指揮に当たったのは片山だった。アメリカニッサンの20年間にわたる活動を記したJ.B.レイ著の『アメリカ日産20年の軌跡』によれば、ニッサン車が対米輸出で成果を上げたのは、「片山氏の個性と指導力に負うところが多大であった。彼は一緒に働く人の熱意と献身を鼓吹する独特の才能を持ち……」（秋山康男訳・三嶺書房）と書かれている。

フォルクスワーゲンの売れ行きは、65年をピークにして下降線をたどる。モデルチェンジなしで売り続けられたビートルの限界がきていたこともあり、日本車がそれにとってかわろうとしていた。また、MGやトライアンフといった小型スポーツカーも、アメリカではいったん故障すると、部品の入手が容易でないなどで、売れ行きは落ちていった。フェアレディがこれにかわって売れるようになった。片山は、スポーツマインドのあるクルマを開発するように日本に要請し続けた。発表前に一時帰国して510を見た片山は、大いに喜んだ。四輪独立懸架、OHCエンジン、ディスクブレーキ（フロントのみ）は、クルマの三種の神器ともいうべきものと思っており、ニッサン車にもよ

## 第8章 始まりの終わり

うやくそれらが採用されたクルマが誕生したからである。

その後のダットサン240Zの誕生を片山が喜んだのはいうまでもない。これは70年に『ロードテスト』誌のスポーツカーオブザイヤーに選ばれ、ダットサン510と並ぶ売れ行きを示して人々を驚かせた。しかし、片山にしてみればその売れ行きは予想したとおりであった。利益率の大きいダットサン240Zは、ニッサンだけでなく現地のディーラーにも多大の利益をもたらした。トヨタの輸出もきわめて順調で、日本は対米輸出では他の追随を許さなかった。

71年8月にアメリカのニクソン大統領がドルの対金交換を停止する演説を行い、これによって戦後ずっと続いた1ドル360円という交換レートはくずれ、この年12月には1ドルが308円となり、その後ドルに対して円が強くなっていくのはご存じのとおりである。対米輸出が始まった60年代初期の実質レートは、1ドル400円以上であったというから、現在ではその4分の1になっているわけだ。

この71年のニッサン車の対米輸出は15万台、翌72年は25万台と大幅な伸びをみせた。72年5月には、サンディエゴフリーウェイの交差点近くに、ひときわ目を引くガラス張り9階建てのアメリカニッサン本社ビルが竣工した。60年からそれまでは、ロスアンジェルスのガーディナーの倉庫用空地の粗末な貸しビルが本社であった。

73年のオイルショックによって、クルマのガソリン代に対する考え方を変えざるを得なかったアメリカでは、それまで以上に日本車が魅力的なものになったのである。そのため対米輸出はさらにふえ、やがて円高が加速することになり、日本の自動車メーカーがアメリカに進出するようになった。

オイルショック後、将来のクルマの需要が不透明に見えたのは1年足らずで、その後は再び順調に日本のメーカーは生産をふやし、排気問題に対する一応の解決の見通しが70年代中盤につけられた。これにともなって70年代の終わりから、エンジン出力がひき上げられ、新技術の採用が話題となり、クルマがどんどん贅沢なものとなった。DOHC4バルブエンジンがごく普通のものとなり、市販車の最高出力が200psときいても驚かなくなってしまった。かつては高出力は、経済性と扱いづらさと引き換えに得られるものだったが、その両立が図られるようになった。しかし、電子制御され、装備が充実(?)されることによって、クルマの価格は引き上げられ、同時にクルマは大型化していった。人手不足が深刻となり、自動車メーカーは自動化された新工場を設立するなど積極的な設備投資を行った。

73年のオイルショックと同じように、この流れを押しとどめたのが、日本のバブル崩壊といわれる現象であった。

1955年にニッサンがダットサン110をつくり、トヨタがクラウンを開発して、日本の戦後の乗用車開発が本格的にスタートを切ってからオイルショックまでは18年であっ

た。このオイルショックから立ち直って、再び日本の自動車産業が伸展し、それが止まるバブル崩壊までの年月もほぼ同じである。

　日本の自動車産業が伸びたという点では、オイルショックまでと、バブル崩壊までは共通点があるが、むしろそのプロセスの違いを認識することが大切であろう。

　欧米に追いつくためにひた走り、彼らの技術のよさやスポーツカーのイメージを積極的にとり入れ、日本でまとめられたのがダットサン240Zである。これまで見てきたように、メカニズムやコスト、性能などこれほどバランスのとれたクルマは例がないといえるものに仕上げられた。

　人気を博したフェアレディZだが、その後はどのように変貌しただろうか。2プラス2がつくられ、Tバールーフ仕様が出され、さらに装備が豪華となった。世の中が豊かになっていくのを象徴して、クルマも豪華になったが、それによって失われたものもあったといわざるを得ない。

　一方で、サファリラリーも70年代までの華やかさが失われてきている。世界選手権ラリーとなることによって、メーカーの力の入れ方がそれまで以上になり、次第に現地に住むことの優位さはなくなっていき、他の世界選手権ラリーのように、有力なチームとそのドライバーがこのラリーでも勝利を納めるようになってきた。

　とくに80年代になって、4WD車がラリーの主役となってからは、その傾向がいっそう顕著になった。そうなると、サファリラリーといえども、メーカーチームにとってはこれが特別なイベントというより、世界選手権ラリーのひとつであるという把え方になった。

　チャンピオンポイントの獲得が第一義であるチームにとっては、サファリラリーはあまり魅力的なイベントではなくなったのである。というのは、依然としてサファリラリーはアフリカの大地を走る苛酷さをもっているので、それに対応したラリーカーを仕上げるには、ヨーロッパのラリーとは異なるチューニングをしなくてはならず、ましてヨーロッパから遠い土地で長いテスト走行をこなさなくてはならないから、そ

94年サファリラリーを制したトヨタセリカ4WD。

篠塚建次郎の三菱ランサー4WDは94年サファリで総合2位となった。

## 第 8 章 始まりの終わり

のための出費は莫大なものになる。それで勝ったとしてもポイントは他のラリーと同じだから，これに出るよりは地元のラリーに力を入れるほうがよいという考えになり，サファリラリーにそっぽをむくことになるのも当然かもしれない。

こうした傾向が進んで，ついに1994年のサファリラリーのワークスチームのエントリーはトヨタだけとなってしまった。トヨタが世界選手権ラリーにチャレンジするようになったのは1972年頃からのことであるが，日本では盛んに報道されるイベントであったことから，その価値を認めて力を入れていったので，こうなるとトヨタは勝って当たり前で，事実，その通りになったのである。

しかし時は流れ，ラリーの走行距離も次第に短くなった。94年は4日間で3500kmほどになり，走行は昼間だけで，夜はゆっくり休めるスケジュールとなり，世界一苛酷なラリーとは呼べなくなってしまったのは残念なことである。

## あとがき

　本書は，敗戦からの草創期を終え，ダットサン110やクラウンが誕生した1955年からオイルショックを迎えるまでの，戦後の日本の自動車工業の第1期までの"ダットサン"を中心とした，開発とラリーでの活躍をまとめたものである。本文でも触れているように，第2期はオイルショックからバブル崩壊までの1991年ごろまで，その後が日本車にとって第3期という位置づけをすることができると思う。オイルショックまでの第1期が欧米の自動車に追いつくことに精力を費した時期であったのに対し，バブル崩壊までの第2期は世界へ大きく飛躍した時期であったが，同時に技術の進歩の方向の模索の時期でもあった。すでに多くの指摘がなされているように，ハード面よりソフト面でのクルマに対する認識で欠ける部分があったということかもしれない。この第2期には，日本のクルマは，その車種がふえ，電子制御技術が導入され，装備が豪華になったが，バブルの崩壊によって，それらが見直されることになった。オイルショックまでの第1期のクルマの進化を受け継ぐのが，第3期の正統のひとつの流れなのではないだろうか，という思いがしている。

　本書は多くの方々に協力していただいて完成をみることができた。古い資料をみることから始まったが，さらに当時の取締役第一設計部長であった原禎一氏をはじめ，多くの方々にインタビューして，貴重なお話をうかがってまとめたものである。

　原氏は，メモ書きとともに当時のことを記した文章のコピーを下さり，これが大変くわしいもので，大いに助けられた。片山豊氏はオーストラリア一周ラリーだけでなく，アメリカ時代のお話など非常に興味ある内容であった。

　難波靖治氏は臨場感あふれる話し振りで，ついひきこまれてしまう面白さであった。実験課時代の会社の運動会で，2台のジープを溶接でつなぎ合わせて1台にして，両方に運転席のあるクルマをつくり，スケーターワルツに合わせてクルマのダンスをしたことなど，古き良き時代の感じがあった。また，サファリラリーに関しては，若林隆氏や早津美春氏にもイベントのことだけでなくラリーカーの開発などのお話をうかがった。

　デザインに関しては，四本和巳氏と松尾良彦氏にインタビューした。四本氏にはダットサン240Zにいたるニッサンのデザインの歴史的な流れについて，松尾氏には主として240Zのデザインについてお聞かせいただいた。いずれも初めて知ることばかりであった。

　さらに，片山氏，難波氏，若林氏，早津氏，松尾氏からはお手持ちの写真などをお借りして掲載させていただいた。

こうして調べていく過程で，ブルーバード510が，我々部外者が思っていたほど，ニッサン社内で必ずしも名車であるとか成功車とかという評価ではないようだったのも意外なことだった。確かに発表された当初は，多くのクレームが寄せられて，ディーラーのサービス部ではその対応に苦労し，設計部をはじめとする技術関係者がその対策に追われたであろうが，だからといって無難なメカニズムのクルマの方がよかったとは思えない。クレームなどない方がいいに決まっているが，そうした事実があっても，そのクルマの良さを評価できる人が企業意志を決定しないことには，よいクルマをつくることはできないのではないだろうか。クルマの開発に，リスクがともなうのは自明のことで，それを避けるやり方をとっては，長期的にみたら間違いなくよいクルマは生まれてこないであろう。

　本書は1994年に執筆し，発表したものであるが，内容に関しては，思い違いや知識の浅さによって，筆が足りなかったり間違っている部分があるかもしれない。関係する資料と共にご指摘いただければ幸いである。また，車名（型式）に関して厳密にいえば310型ではなく，312型であったり，410型ではなく411型であったりすることもあるが，わかりやすくするために310型と410型に原則的に統一した。また，ダットサンといったりフェアレディといったり，統一を欠く名称となっているが，どの車種をさすかは明瞭なので，そのときどきによって両方が使われていることをお断りしておきたい。

　最後になったが，日産自動車広報部の下風憲治氏，星野英雄氏には大変お世話になった。本文中に実名で登場させていただいたインタビューした方々とともに，ここに感謝の意を表したいと思う。

桂木洋二

## 参考文献

- 『日産自動車30年のあゆみ』日産自動車
- 『日産自動車社史1964-1973』日産自動車
- 『吉原工場50年史』日産自動車
- 『アメリカ日産20年の軌跡』J.B.レイ著　秋山康男訳　三嶺書房
- 月刊『オートテクニック』バックナンバー　山海堂
- 月刊『カーグラフィック』バックナンバー　二玄社
- 月刊『モーターファン』バックナンバー　三栄書房　その他

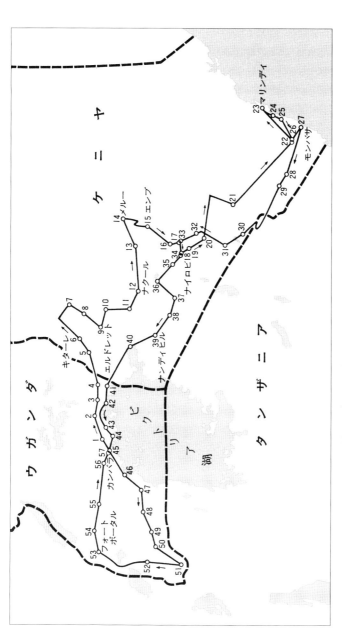

第18回(1970年)におけるサファリラリーのコース図

著者紹介
桂木　洋二（かつらぎ・ようじ）
フリーライター。東京生まれ。1960年代から自動車雑誌の編集に携わる。1980年に独立。それ以降，車両開発や技術開発および自動車の歴史に関する書籍の執筆に従事。そのあいだに多くの関係者のインタビューを実施するとともに関連資料の渉猟につとめる。著書に『欧米日・自動車メーカー興亡史』『日本における自動車の世紀・トヨタと日産を中心にして』『企業風土とクルマ・歴史検証の試み』『スバル360開発物語』『初代クラウン開発物語』（いずれもグランプリ出版）などがある。

**ダットサン510と240Z**―ブルーバードとフェアレディZの開発と海外ラリー挑戦の軌跡―
2018年4月30日初版発行

| | |
|---|---|
| 著　者 | 桂木洋二 |
| 発行者 | 小林謙一 |
| 発行者 | 株式会社グランプリ出版 |

〒101-0051　東京都千代田区神田神保町1-32
電話03-3295-0005(代)　FAX03-3291-4418

印刷・製本　シナノ パブリッシング プレス

©2018 Printed in Japan　　　ISBN978-4-87687-355-5　C-2053